制造业高端技术系列

铸造钛及钛合金的性能与切削加工

谢成木　南海　叶宝将　编著

机 械 工 业 出 版 社

本书系统地介绍了铸造钛及钛合金的性能与切削加工技术。其主要内容包括工业纯钛、ZTA5 合金、ZTA7 合金、ZTA15 合金、ZTC3 合金、ZTC4 合金、ZTC5 合金、ZTC6 合金、美国铸造 Ti-6Al-4V 合金，以及钛和钛合金铸件的切削加工。对每种铸造钛及钛合金，介绍了其材料牌号与技术标准、熔炼铸造与热处理、物理性能、化学性能、力学性能、相变温度与组织结构、工艺性能、选材及应用等内容。本书内容丰富，图文并茂，所列各种数据和图表准确可靠，对铸造钛及钛合金的生产与科研工作极具参考价值。

本书可供从事铸造钛及钛合金生产的工程技术人员、工人使用，也可供相关专业的在校师生与科研人员参考。

图书在版编目（CIP）数据

铸造钛及钛合金的性能与切削加工/谢成木，南海，叶宝将编著. —北京：机械工业出版社，2022.9（2023.12 重印）

（制造业高端技术系列）

ISBN 978-7-111-71090-5

Ⅰ.①铸… Ⅱ.①谢…②南…③叶… Ⅲ.①铸造合金-钛合金-性能 ②铸造合金-钛合金-金属切削-加工工艺 Ⅳ.①TG146.23

中国版本图书馆 CIP 数据核字（2022）第 121865 号

机械工业出版社（北京市百万庄大街 22 号 邮政编码 100037）

策划编辑：陈保华　　责任编辑：陈保华　高依楠

责任校对：郑　婕　张　薇　封面设计：马精明

责任印制：邓　博

北京盛通数码印刷有限公司印刷

2023 年 12 月第 1 版第 2 次印刷

169mm×239mm · 12.5 印张 · 255 千字

标准书号：ISBN 978-7-111-71090-5

定价：79.00 元

电话服务
客服电话：010-88361066
010-88379833
010-68326294

网络服务
机　工　官　网：www.cmpbook.com
机　工　官　博：weibo.com/cmp1952
金　　书　　网：www.golden-book.com
机工教育服务网：www.cmpedu.com

封底无防伪标均为盗版

铸造钛及钛合金是钛及钛合金铸造的原材料，它们的性能和质量直接影响铸件的性能与质量，换句话说，铸造钛及钛合金的性能与质量是保证其铸件质量与使用寿命的基石。因此，在钛及钛合金铸造全过程中必须对其严格控制。20 世纪人们对钛及钛合金铸件的应用存在片面认识，认为钛及钛合金铸件质量不稳定，性能难以得到可靠保证，当时的航空、航天部门设计单位都不敢使用钛及钛合金铸件。因此，当时航空部门对钛及钛合金铸造专业研究的投入很少，对北京航空材料研究院钛及钛合金铸造专业每个五年计划的投入资金也就 20 万 ~30 万元，年均只有 4 万 ~6 万元。投入资金少，导致在合金性能研究方面根本无法做深入细致的工作，60 多年仅研制和试用了 8 种铸造钛及钛合金。其中，有的合金（如 ZTA7）仅做了一点基本的物理、化学性能和少量室温拉伸性能研究，其他性能如持久性能、蠕变性能、疲劳性能等都没进行测试；还有 ZTA5 合金仅确定了成分，各种性能测试都没做；其他几种合金虽然测试了各种性能，但测试的试样数量仅 3 ~6 个，数据的代表性和可靠性难以使人完全信服。

20 世纪 80 年代末，热等静压技术在钛及钛合金铸件上得到成功应用，使钛及钛合金铸件的质量和性能及可靠性提高到与变形钛及钛合金件相近的水平，而在提高金属利用率、缩短制造周期、降低制造成本以及异形制造等方面优于变形钛及钛合金，从而逐渐改变了人们对钛及钛合金铸造的片面看法，特别是美国的 F－22 战斗机上的关键件都采用了钛合金铸件，彻底改变了航空、航天部门设计人员的观念，也促进了我国钛及钛合金铸造的发展。

我国铸造钛及钛合金与国际上相似，大都沿用了变形钛及钛合金的成分，按相组成分类与变形钛及钛合金也一样，有 α 型合金、近 α 型合金、α＋β 型合金、近 β 型合金、β 型合金五种。ZTA5、ZTA7、ZTC4 是中温中强铸造钛合金，其中 ZTC4 合金铸件应用范围最广，用量最大，占了国内研制生产钛合金铸件量的 85% 以上。ZTA15、ZTC3、ZTC5、ZTC6 等是北京航空材料研究院根据航空、航天发展需要相继研制或仿制的高温铸造钛合金和高强铸造钛合金。ZTC4 为 20 世纪 60 年代研制的合金。20 世纪 80 年代，国外开始对钛及钛合金铸件进行热等静压处理工艺探索研究，北京航空材料研究院紧跟国外步伐，结合钛及钛合金铸件在飞机、发动机推广应用项目，开展了合金热等静压处理及热处理工艺对合金组织性能影响的分析研究，全面评价了ZTC4合金铸件热等静压后的力学性能、疲劳性能等各项性能，为该合金的应用和热等静压处理工艺的应用奠定了技术基础。ZTC3可在500℃下长期工作，曾用于涡喷十三系列发动机机匣批量生产。ZTA15、ZTC6是北京航空材料研究院1990—2003年仿制的合金，其中ZTA15为仿制俄罗斯BT20Л合金，ZTC6为仿制美国Ti6242合金。两种材料特性相近，均为近α型合金，其强度、工作温度均高于ZTC4合金，同时具有良好的焊接性和较好的铸造工艺性。近20年来，ZTA15在国内航空、航天领域用量较大。

为满足铸件生产应用的需要和方便铸造钛及钛合金研究，作者对国内已有的8种铸造钛及钛合金的性能进行了汇总，并对美国铸造Ti-6Al-4V合金的性能进行了全面介绍。本书最后一章介绍了钛和钛合金铸件的切削加工。

在本书编写出版过程中，作者得到了河北润木铸造材料有限公司、江苏华钛瑞翔科技有限公司、温州恒得晟钛制品有限公司、三门峡予营新材料有限公司、东营市宏宇精铸设备有限责任公司、洛阳伍鑫金属材料科技有限公司的大力支持，也得到了许多同事的支持和帮助，在此深表感谢！

由于作者水平有限，书中难免有错误或不妥之处，敬请广大读者批评指正。

作　者

目 录

工业纯钛

1.1 概述

目前国内外铸钛工业上应用的工业纯钛是指其中的主要杂质氧、铁、硅与氮的含量不同的几种非合金钛。工业纯钛主要被用于制造具有中等强度、高塑性，以及良好耐蚀性与熔焊性能的各种结构件，在国内目前主要用于制造化工及其他要求耐腐蚀的结构件（见图1-1）。这些结构件的长期工作温度可达300℃。

图1-1 工业纯钛铸造的泵、阀门和叶轮等

1.2 材料牌号与技术标准

1）我国主要根据氧、铁、硅与氮含量的不同，将工业纯钛分为ZTi1、ZTi2、

ZTi3 三个牌号，其相应代号分别是 ZTA1、ZTA2、ZTA3，它们之间的力学性能是存在差异的。国外工业纯钛的牌号有 ASTM B367 Grade C－2、Grade C－3（美国），AMS Ti－40、Ti－55、Ti－70（美国），BT1Л（俄罗斯），G－Ti2、G－Ti3、G－Ti4（德国），KS50－C、KS50－LFC、KS70－LFC（日本）。

2）相关的技术标准有 GB/T 15073—2014《铸造钛及钛合金》、GB/T 6614—2014《钛及钛合金铸件》、GJB 2896A—2020《钛及钛合金熔模精密铸件规范》、HB 5448—2012《钛及钛合金熔模精密铸件规范》。

3）GB/T 15073—2014、GJB 2896A—2020 和 HB 5448—2012 规定了工业纯钛的化学成分，见表 1-1。

表 1-1　工业纯钛的化学成分（质量分数）　　（%）

牌号	Ti	杂质 ≤							
		Fe	Si	C	N	H	O	其他元素	
								单个	总和
ZTA1	基体	0.25	0.10	0.10	0.03	0.015	0.25	0.10	0.40
ZTA2		0.30	0.15	0.10	0.05	0.015	0.35	0.10	0.40
ZTA3		0.40	0.15	0.10	0.05	0.015	0.40	0.10	0.40

1.3　熔炼铸造与热处理

1. 熔炼与铸造工艺

（1）熔炼工艺　根据铸件的用途和质量要求，采用在真空自耗电极电弧炉中经一次或两次熔炼而成的母合金铸锭，或在真空自耗电极电弧炉中经两次熔炼而成的大铸锭，以经开坯锻造去除表面氧化皮的棒料作为母合金电极，然后在真空自耗电极电弧凝壳炉中重熔铸造。

（2）铸造工艺　以上述的母合金锭或棒料作自耗电极，在真空自耗电极电弧凝壳炉中进行重熔浇注。根据铸件的形状、尺寸、重量与数量，可选用机加工石墨型、捣实石墨（砂）型和熔模精铸陶瓷型壳等作为铸型进行铸造，铸件成形方式可采用重力（静止）铸造或离心铸造。如果铸件很复杂且壁薄难以成形，应尽可能采用离心铸造。

2. 热处理工艺

（1）去应力退火　于 500～650℃保温 0.5～2h，空冷或炉冷。

（2）退火（完全退火）　于 650～760℃保温 0.5～2h，空冷或炉冷。

（3）真空退火　炉子真空度应保持在 $6.7\times10^{-2}\sim6.7\times10^{-3}$Pa，温度为 550℃±10℃，保温 2h 以上。

（4）热等静压　在 100～120MPa 氩气压力下，于 850℃±15℃保温 2～2.5h，

随炉冷却至300℃以下出炉。

1.4 物理性能与化学性能

1. 物理性能

(1) 热性能

1) 普通工业纯钛的熔点为1649～1672℃，高纯钛（碘化法制得）的熔点为1660～1680℃。

2) 工业纯钛的热导率见表1-2。

表1-2 工业纯钛的热导率

温度 θ/℃	20	100	200	300	400	500	600
热导率 λ/[W/(m·℃)]	16.3	16.3	16.3	16.7	17.1	18.0	18.0

3) 工业纯钛的比热容见表1-3。

表1-3 工业纯钛的比热容

温度 θ/℃	20	100	200	300	400	500	600
比热容 c/[J/(kg·℃)]	527	544	621	669	711	753	837

4) 工业纯钛的线胀系数见表1-4。

表1-4 工业纯钛的线胀系数

温度 θ/℃	20～100	20～200	20～300	20～400	20～500	20～600	20～700
线胀系数 α_l/(10^{-6}/℃)	8.00	8.60	9.10	9.30	9.40	9.80	10.2
温度 θ/℃	10～200	200～300	300～400	400～500	500～600	600～700	—
线胀系数 α_l/(10^{-6}/℃)	8.9	9.3	9.8	10.2	10.4	10.5	—

(2) 电性能　工业纯钛的电阻率见表1-5。

表1-5 工业纯钛的电阻率

温度 θ/℃	20	100	200	300	400	500	600
电阻率 ρ/μΩ·m	0.54	0.70	0.88	—	1.19	—	1.52

(3) 密度　工业纯钛的密度为4.505g/cm^3。

(4) 磁性能　工业纯钛无磁性。

2. 化学性能

钛的原子结构和晶体结构决定了钛具有很高的化学活性，能与多种元素和物质发生化学反应，特别是可与空气中的氧、氮、氢等发生反应。除氢以外，钛与其他元素和物质的反应过程均是不可逆的。钛与这些气体的反应，不但能在钛的表面形成化合物，而且这些气体元素能进入钛的晶格中，形成间隙固溶体。在高温下，钛能与 CO、CO_2、水蒸气、氨、许多挥发性的有机物、卤素、磷、硫，以及各种常用的耐火氧化物等发生反应。

（1）与氧的反应　致密的钛在常温空气中是很稳定的。当它受热时，便开始与氧发生反应。钛与氧反应初期，氧进入钛表面晶格中，形成一层致密的氧化薄膜，它可防止氧再向内部扩散，所以钛在空气中于500℃以下是稳定的。随着受热温度的提高，氧化膜逐渐增厚，氧化物的颜色也随之发生变化。工业纯钛在空气中不同温度下加热0.5h后氧化膜的厚度见表1-6，氧化膜的颜色见表1-7。随着温度继续升高，表面生成的氧化膜开始溶解，氧向钛的内部晶格扩散。钛被氧化的速度取决于氧向钛内部扩散的速度。当温度高于700℃时，氧向钛内部的扩散加速。温度继续升高时，开始生成较厚的灰色氧化膜，这些氧化膜不致密，呈多孔状且易碎裂，完全失去了保护作用。温度进一步升高，且加热的时间也足够长时，则生成容易剥落的淡黄色多孔鳞片状氧化物层。当温度达到1200~1300℃时，钛开始与空气中的氧发生剧烈的放热反应，反应式如下：

$$Ti + O_2 = TiO_2 \tag{1-1}$$

表1-6　工业纯钛在空气中不同温度下加热0.5h后氧化膜的厚度

加热温度/℃	316~538	649	704	760	816	871	927	982	1038	1093
氧化膜厚度/mm	极薄	0.005	0.0076	<0.025	<0.025	<0.025	<0.051	<0.051	0.102	0.356

表1-7　工业纯钛在空气中不同温度下加热所生成的氧化膜的颜色

加热温度/℃	200	300	400	500	600	700~800	900
氧化膜颜色	银白色	淡黄色	金黄色	蓝色	紫色	红灰色	灰色

在纯氧中，钛与氧发生激烈反应的起始温度比在空气中低，当温度达到500~600℃时，钛便在氧气中燃烧。钛与氧发生反应，可生成钛的各种氧化物，如Ti_3O_2、Ti_2O_3、TiO、Ti_3O_5、TiO_2等。钛中加入合金元素，对其氧化性能会产生一定影响，如钼、钨和锡的加入可降低钛的氧化速度，而锆的加入则会提高钛的氧化速度。

（2）与氮的反应　常温下钛不与氮发生反应。800℃以上，钛是能在氮气中燃烧的少数金属之一。熔融钛与氮的反应十分激烈。钛与氮的反应生成的产物除Ti_3N和 TiN 外，还形成 Ti－N 固溶体。钛被加热，温度达到500℃时，开始与氮反应；温度达到600℃以上时，钛与氮的反应速度明显加快，但和钛与氧的反应速度相比还是慢的。因此，钛在空气中被加热时主要是与氧发生反应。钛与氮反应，也是在钛表面上生成薄膜，早期所生成的薄膜，可紧密地与钛表面结合，随着厚度增加，膜开始发生破裂。

尽管钛与氮反应生成的氮化钛（TiN）薄膜是钛氮化物中最稳定的一种化合物，但当它以薄膜形态存在于钛表面时，却不能有效保护钛不受氧化，这是因为固体氮化钛在1200℃下能与氧迅速反应，并将氮释放出来。

（3）与氢的作用和氢脆　和钛与氧、氮的反应不同，钛与氢反应是可逆反应。更重要的是，由于氢原子尺寸小，易于扩散到钛晶格内部形成间隙固溶体，故钛能很好地溶解氢，1mol钛几乎可溶解2mol氢。氢在钛中的溶解，可使钛相变（α－Ti转变为β－Ti）的温度降低，因为氢是β－Ti的稳定剂。氢在α－Ti中极限溶解度约为0.2%（质量分数）；在β－Ti中极限溶解度约为2%（质量分数）。钛与氢反应可生成TiH、TiH_2等化合物和Ti－H固溶体。

钛吸氢的速度与温度和氢气压力有关。常温下钛吸氢量小于0.002%（质量分数）。当温度升高到250～300℃时，钛开始明显地吸氢，但过程仍比较缓慢。当温度高于300℃时，不带氧化膜的钛吸氢速度明显加快，到500～600℃时达到最大值，在数秒内即可达到平衡。钛吸收的氢在其表面和基体中形成氢化物相，当这些氢化物相达到一定浓度时，钛就会变脆，即氢脆。对于钛及其合金来说，氢脆是一个应高度重视的问题。

对于钛和钛合金铸造来说，增氢的来源主要如下：

1）母合金锭中的氢。

2）酸洗过程中铸件吸氢。

3）铸造后加工处理过程（包括酸洗、打磨、热处理、热等静压及热矫形等）带进的氢。

4）补焊过程中没保护好造成的增氢。

5）热处理或热等静压工艺控制不当造成的增氢。

6）熔炼铸造过程炉子真空度不高造成的增氢。

7）铸件加工和装配使用中的铁粒子与粘污没清除干净，致使产生氢化物造成的增氢。

为防止吸氢，引起氢脆，在铸件生产的全过程中都要十分注意上述问题。如果控制不当，铸件就会从这些过程中吸收氢。

钛及钛合金的氢脆可能会以下列两种形式表现出来：第一种形式是，对于工业纯钛和α型、近α型合金，氢脆的表现为塑性降低而强度稍有增加，同时还发现在温度低于93℃时，钛及钛合金的冲击韧性降低，以及韧脆转变温度范围发生变化。第二种形式类似于钢的脆化，即在恒载荷下或持续载荷下，进行慢速试验（所谓延迟断裂试验）时出现的一种脆化，通常将它称为延迟断裂。因此，通常规定使用状态的钛及钛合金铸件中，氢含量应小于0.015%（质量分数）。

当钛被继续加热到600℃以上时，随温度升高，吸氢量反而下降。当温度达到1000℃时，钛吸收的氢大部分被分解。增大氢气压力，可使钛吸氢速度加快，并增加吸氢量；相反，减少氢气压力可使钛脱氢。根据这个特性，可采用真空高温退火除去钛和钛合金铸件中超标的氢含量，使其达到0.002%（质量分数）。

（4）与磷和硫的作用　当温度高于450℃时，钛要与气体磷发生反应：在低于800℃时，主要生成 Ti_2P；高于800℃时，生成 TiP。

常温下钛不与硫反应，高温时钛要与熔化硫、气体硫发生反应生成钛的硫化物。熔融钛与气体硫之间的反应特别剧烈，反应式如下：

$$Ti + S_2 = TiS_2 \tag{1-2}$$

钛与硫反应可生成各种硫化钛，如 Ti_3S、Ti_2S、TiS、Ti_3S_4、Ti_2S_3、Ti_3S_5、TiS_3 和 TiS_2 等。

（5）与碳和硅的作用　石墨化的碳相对于钛是惰性的，所以石墨一直被作为钛的铸型材料，甚至作为熔炼坩埚材料。未完全石墨化的碳会与钛发生反应，但必须到一定的温度后才能发生反应。碳在钛中的溶解度较小，在900℃时最大溶解度为0.48%（质量分数）；且随着温度的下降，溶解度急剧下降。在1750℃时，碳在钛中的溶解度达到最大值0.8%（质量分数）。钛与碳相互作用生成 TiC 后的 Ti-6Al-4V 合金组织如图1-2所示，图中呈长链型小颗粒状的组织就是 TiC。由于碳在α-Ti 和 β-Ti 中的溶解度都很小，当钛中碳含量较大时，便会在组织中出现游离的碳。

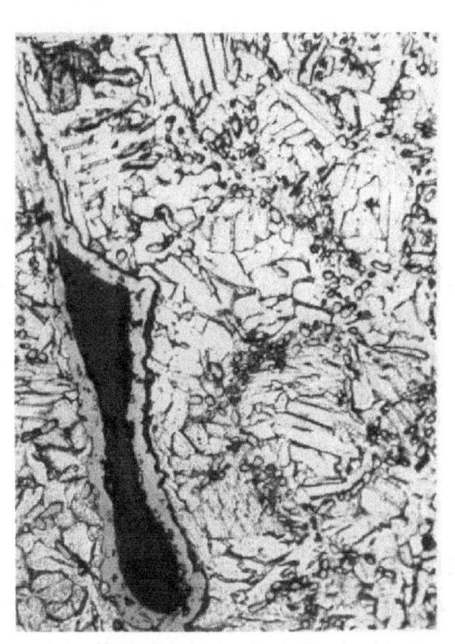

图1-2　钛与碳相互作用生成 TiC 后的 Ti-6Al-4V 合金组织

钛与硅的反应也只有在高温下才发生，反应后生成高熔点的硅化物 Ti_5Si_3、TiSi 和 $TiSi_2$ 等。

（6）与化合物的反应

1）与 HF 和氟化物的反应。钛与加热的氟化氢气体发生反应生成 TiF_4，反应式如下：

$$Ti + 4HF = TiF_4 + 2H_2 \tag{1-3}$$

不含水的氟化氢液体可在钛表面生成一层致密的四氟化钛膜，可防止 HF 侵入钛的内部。

氢氟酸是钛的最强溶剂。即使1%（体积分数）的氢氟酸，也能与钛发生激烈反应，反应式如下：

$$2Ti + 6HF = 2TiF_3 + 3H_2 \quad (1-4)$$

为此，氢氟酸常被用于钛和钛合金铸件的铸后处理，作为去除表面粘污层的酸洗液的主要组分之一。

氢氟酸溶液中某些金属离子的存在会影响钛与它的反应。如果溶液中存在 Fe^{2+}、Ag^{+}、Ni^{2+}、Cu^{2+}、Au^{2+}、Pt^{4+} 等金属离子时，可加速钛的溶解。而 Mg^{2+} 对氢氟酸和钛的反应没有影响。但 Pb^{2+} 存在或加入硝酸后，可减慢和部分抑制氢氟酸对钛的侵蚀速度。

无水氟化物及其水溶液在低温下不与钛发生反应，只有在高温下熔融的氟化物才会与钛发生显著反应。酸性氟化物溶液，如 KHF_2 会严重侵蚀钛。在酸性溶液中，例如硝酸、高氯酸、磷酸、盐酸等溶液中加入少量可溶性氟化物，可大大增加酸对钛的侵蚀作用。但如果把大量的氟化物加入硫酸中，反而会阻止硫酸对钛的腐蚀。

2）与 HCl 和氯化物的反应。氯化氢气体能腐蚀金属钛，干燥的氯化氢在高于300℃时与钛反应生成 $TiCl_4$，反应式如下：

$$Ti + 4HCl = TiCl_4 + 2H_2 \quad (1-5)$$

体积分数为5%以下的盐酸在室温下不与钛反应，体积分数为20%的盐酸在常温下与钛发生反应，生成紫色的 $TiCl_3$，反应式如下：

$$2Ti + 6HCl = 2TiCl_3 + 3H_2 \quad (1-6)$$

当温度升高时，即使稀盐酸也会腐蚀钛，如体积分数为10%的盐酸在70℃时和体积分数为1%的盐酸在100℃时对钛会发生明显的腐蚀。但当盐酸溶液中存在阻化剂，即氧化剂或金属离子（如铜、铁离子或硝酸、铬酸等）时，则可降低盐酸对钛的腐蚀，见表1-8。例如在沸腾的体积分数为10%的盐酸中加入0.02～0.03g/mL 铁和铜离子，就可使钛被侵蚀的速度降低到原来的1%。

表1-8 在93℃的5%盐酸中加入阻化剂对钛腐蚀速度的影响

阻化剂	质量分数（%）	腐蚀速度/(25.4μm/年)
无	—	276
硫酸铜	1	2
铬酸	1	1
硝酸	1	4

在常温和低温下，钛不与各种无水的氯化物，如镁、锰、铁、镍、铜、锌、汞、锡、钙、钠、钡和 NH^{4+} 等的氯化物及其水溶液发生反应，在这些氯化物中具有很好的稳定性。但当温度升高至200℃以上时，钛在氯化物中的稳定性下降。例如，钛在沸腾的镁、钙、铁、铜、锌和铵等的氯化物中就要发生反应，析出氯化氢或其他氯化物。

氧对钛与熔融的氯化物和其蒸汽是否发生反应影响很大。本来钛受熔融的碱金属氯化物的腐蚀很微弱，但当这些熔融盐与大气接触时，就会使钛的侵蚀加剧。

另外，NaCl 和 NaF 混合物熔盐对钛有很大的腐蚀作用。100℃以上时 25%（质量分数）的氯化铝溶液要与钛发生反应。

3）与硫酸和硫化氢的作用。钛与硫酸的反应，与酸的浓度和温度有关，体积分数低于5%的稀硫酸与钛接触反应后，在钛表面生成保护性氧化膜，可保护钛不被稀硫酸继续腐蚀。但体积分数高于5%的硫酸与钛接触时会发生明显的反应。在常温下，体积分数约为40%的硫酸对钛的腐蚀速度最快，因此时会生成很易溶的 $[Ti(SO_4)_{2+x}]^{2x-}$ 络离子；当体积分数大于40%时，上述络离子分解为 TiO_2 和 H_2SO_4，因而体积分数为60%的硫酸腐蚀速度反而变慢；但体积分数为80%的硫酸腐蚀速度又达到最快。

钛要与加热的稀硫酸或体积分数为50%的浓硫酸反应生成硫酸钛，反应式如下：

$$Ti + H_2SO_4 = TiSO_4 + H_2 \tag{1-7}$$

$$2Ti + 3H_2SO_4 = Ti_2(SO_4)_3 + 3H_2 \tag{1-8}$$

另外，钛还会还原加热的浓硫酸，生成 SO_2，反应式如下：

$$2Ti + 6H_2SO_4 = Ti_2(SO_4)_3 + 3SO_2 + 6H_2O \tag{1-9}$$

若在硫酸溶液中加入阻化剂，即氧化剂或金属离子，可降低硫酸对钛的腐蚀作用，见表1-9。又如在沸腾的体积分数为10%的硫酸中，加入铁、铜离子时，可阻止硫酸对钛的腐蚀。

表1-9 在30%的硫酸中加入阻化剂对钛腐蚀速度的影响

阻化剂	质量分数（%）	腐蚀速度/(25.4μm/年)
无	—	78
硫酸铜	1	1
铬酸	1	6

常温下钛要与硫化氢反应，在其表面生成一层保护膜，可阻止硫化氢与钛进一步反应。但在高温下，硫化氢要与钛反应，生成硫化钛和氢气，反应式如下：

$$Ti + H_2S = TiS + H_2 \tag{1-10}$$

4）与硝酸的作用。钛与硝酸的反应与钛的表面粗糙度和温度有关。致密的、表面光滑的钛对硝酸有很好的稳定性，其原因是硝酸能迅速在钛的光滑表面上生成一层牢固的氧化膜，这层氧化膜即使在较高温度（$<70℃$）的硝酸中也仍然保持稳定。但是若钛的表面粗糙而不致密，稀硝酸（冷或热的）就会与钛发生反应，反应式如下：

$$3Ti + 4HNO_3 + 4H_2O = 3H_4TiO_4 + 4NO \tag{1-11}$$

$$3Ti + 4HNO_3 + H_2O = 3H_2TiO_3 + 4NO \tag{1-12}$$

高于70℃的浓硝酸要与钛发生反应，反应式如下：

$$Ti + 8HNO_3 = Ti(NO_3)_4 + 4NO_2 + 4H_2O \tag{1-13}$$

冒烟的浓硝酸（即饱和 NO_2 的硝酸溶液）能迅速地腐蚀钛。因此，浓硝酸常被作为钛铸件铸后处理的酸洗液组分之一。特别要注意的是含锰的钛合金与浓硝酸接触反应时，会发生剧烈的爆炸反应。

5）钛与王水的作用。常温下钛与王水接触是稳定的。但高温时，王水就会与钛发生反应，生成 $TiOCl_2$。

6）钛与磷酸的作用。常温下体积分数小于30%的磷酸溶液对钛的腐蚀速率是比较小的，但是随着酸浓度和温度的升高，腐蚀速率则加快。例如体积分数为3%的磷酸溶液在100℃下可显著地腐蚀钛，沸腾的浓磷酸的腐蚀作用变得更加强烈。

7）钛与甲酸的作用。常温下，钛对甲酸（蚁酸）是稳定的。但温度升高到50～100℃时，钛就会与甲酸发生激烈反应。

8）钛与乙酸等的作用。冷、热的乙酸（醋酸）都要与钛反应，生成二价和三价的乙酸酯。

此外，钛还会与热的三氯乙酸、三氟乙酸和草酸发生反应。沸腾的三氯乙酸对钛有强烈的腐蚀作用，60℃的草酸溶液也能腐蚀钛，但其他有机酸不与钛反应。

9）钛与碱的作用。钛在稀的碱溶液中是稳定的，但是熔融钛可与碱反应生成钛酸盐，反应式如下：

$$2Ti + 6KOH = 2K_3TiO_3 + 3H_2 \tag{1-14}$$

此外，在碱性物质存在下，熔融钛可被硝酸盐或氯酸盐氧化为四价钛酸盐。各种金属溶剂如氢氧化钠、硫酸氢钠和碳酸氢钠等相对钛是稳定的，与钛反应都非常慢。

10）与氨、水等的作用。常温下，钛不与 NH_3 反应，但在高温下可发生反应，生成氢化物和氮化物，反应式如下：

$$5Ti + 2NH_3 = 2TiN + 3TiH_2 \tag{1-15}$$

常温下钛不与水反应，但700～800℃的水蒸气就会与钛反应生成 TiO_2，反应式如下：

$$Ti + 2H_2O = TiO_2 + 2H_2 \tag{1-16}$$

常温下钛与 H_2O_2 反应生成过氧氢氧化钛，反应式如下：

$$Ti + 3H_2O_2 = Ti(OH)_2O_2 + 2H_2O \tag{1-17}$$

熔融的过氧化钠与钛发生激烈反应，生成正钛酸钠，反应式如下：

$$Ti + 2Na_2O_2 = Na_4TiO_4 \tag{1-18}$$

11）与有机物的作用。在炽热温度下，钛与碳氢氯化物反应生成 $TiCl_4$，并析出碳和氯化氢。常温下钛不与任何碳氢化合物反应，仅在高温下（1200℃）才会发生反应，生成碳化钛，反应式如下：

$$Ti + CH_4 = TiC + 2H_2 \tag{1-19}$$

$$2Ti + C_2H_6 = 2TiC + 3H_2 \tag{1-20}$$

12）与金属氧化物的反应。钛与金属氧化物在高温下将进行可逆反应，特别

是熔融钛几乎可与所有金属氧化物发生反应，即

$$nTi + 2Me_mO_n = nTiO_2 + 2mMe \tag{1-21}$$

但只有当 $n\Delta G_{TiO_2} < 2\Delta G_{Me_mO_n}$（其中 ΔG 为生成自由能）时，反应才能进行到底，如

$$Ti + SiO_2 = TiO_2 + Si \tag{1-22}$$

$$3Ti + 2Fe_2O_3 = 3TiO_2 + 4Fe \tag{1-23}$$

不同的金属氧化物与钛的反应程度是不同的。其中有极少数的稀土金属氧化物，如 ZrO_2、ThO_2、Y_2O_3等，在一定温度范围内与钛的反应是比较微弱的，目前它们已被选作铸钛的造型材料。

（7）耐蚀性　纯钛在多种自然环境，如海水、人体体液、水果汁以及蔬菜汁等中都有很好的耐蚀性。据相关文献报道，将钛在海水中连续浸泡 18 年，仅仅发现其表面有些变色。美国的 TiTech 公司，曾将 73 个钛和钛合金试样（其中 22 个为工业纯钛，其余的是各种钛合金）放入到 2067m 深的海水中浸泡 3 年，所有试样均未发现有明显腐蚀。钛与其他几种主要金属在海水中耐蚀性的比较如图 1-3 所示。

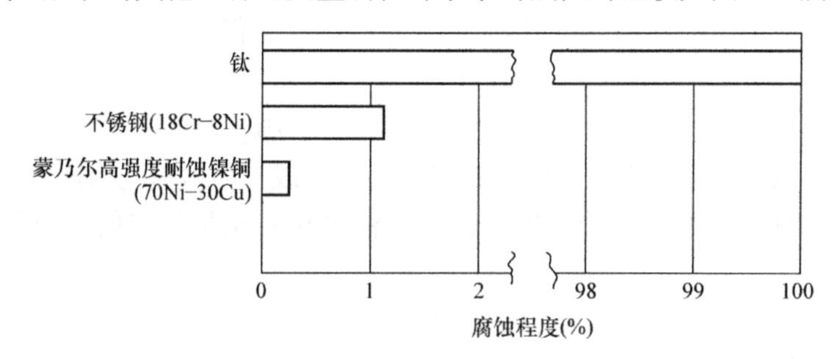

图 1-3　钛与其他几种主要金属在海水中耐蚀性的比较

钛和钛合金具有良好的耐蚀性，是因为能在其表面形成相对于多种介质很稳定的不可渗透的保护氧化物膜。即使这层氧化膜局部遭到损坏，它也能在瞬间自发地修复，防止有害介质侵入钛的内部，从而保护金属。但这层氧化膜的稳定性与它存在的环境性质和温度密切相关。在强氧化性环境或轻度还原性环境中，在温度低于 427℃时，这层氧化物膜可稳定存在，具有很好的保护作用。在还原性环境，尤其是强的还原性酸和各种化合物中，这层氧化物膜就会遭到破坏，使金属迅速腐蚀。工业纯钛在不同介质中的耐蚀性（腐蚀速度）见表 1-10。

表 1-10　工业纯钛在不同介质中的耐蚀性（腐蚀速度）

介质	质量分数（%）	温度/℃	腐蚀速度/(mm/年)	耐蚀性等级[①]
盐酸	1	20	0.000	优
	0.1	沸腾	0.01	优

（续）

介质	质量分数（%）	温度/℃	腐蚀速度/(mm/年)	耐蚀性等级[1]
盐酸	1	沸腾	1.8	差
	5	20	0.000	优
	—	沸腾	6.530	差
	10	20	0.75	良
	—	沸腾	40.870	差
	20	20	1.34	差
盐酸+4%（质量分数）$FeCl_3$+4%（质量分数）$MgCl_2$+饱和Cl_2	19	82	0.46	良
盐酸饱和氯化物	5	190	<0.025	优
	10	190	28.5	差
盐酸+1%（质量分数）HNO_3	5	40	0.000	优
	5	95	0.091	优
盐酸+5%（质量分数）HNO_3	5	40	0.025	优
	5	95	0.030	优
盐酸+10%（质量分数）HNO_3	5	40	0.000	优
	5	95	0.183	良
盐酸+5%（质量分数）$CuSO_4$	5	38	0.020	优
	5	93	0.061	优
盐酸+18%（质量分数）H_3PO_4+5%（质量分数）HNO_3	18	77	0.000	优
硝酸，通风	10	25	0.005	优
	50	25	0.002	优
	10	40	0.003	优
	50	60	0.037	优
	40	200	0.610	良
	70	270	1.22	良
	70	沸腾	0.064~0.900	良
硝酸	5~60	35	0.002~0.007	优
硝酸，旧的	30~60	190	1.5~2.8	差
硝酸，白烟	液体	25	0.000	优
	蒸气	160	<0.127	优

（续）

介质	质量分数（%）	温度/℃	腐蚀速度/(mm/年)	耐蚀性等级[①]
硝酸，红烟	水含量<2%	25	燃烧	差
	水含量>2%	25	没燃烧	差
硝酸+盐酸	质量比为1∶3	20	0.004	优
	质量比为1∶3	沸腾	<0.127	优
硫酸，吹风	1	60	0.008	优
	3	60	0.013	优
	5	60	4.83	差
	10	35	1.27	良
	40	35	8.64	差
	75	35	1.07	良
	75	25	10.8	差
	1	100	0.005	优
	3	100	23.4	差
	浓缩	25	1.57	差
	浓缩	沸腾	5.38	差
硫酸	1	沸腾	17.8	差
	5	沸腾	25.4	差
硫酸+1%（质量分数）$CuSO_4$	30	38	0.02	优
硫酸+1%（质量分数）$CuSO_4$	30	沸腾	1.65	差
硫酸+10%（质量分数）HNO_3	90	25	0.457	良
硫酸+90%（质量分数）HNO_3	10	25	0.000	优
	10	60	0.011	优
醋酸	5~99.7	124	0.000	优
	33	沸腾	0.000	优
	99	沸腾	0.003	优
	58	130	0.381	良
	99.7	124	0.003	优
醋酸酐	100	21	0.025	优
	100	150	0.005	优
磷酸	10~30	25	0.02~0.051	优
	30~80	25	0.051~0.762	良
	10	52	0.38	良

（续）

介质	质量分数（%）	温度/℃	腐蚀速度/(mm/年)	耐蚀性等级[①]
磷酸	10	80	1.83	差
	5	沸腾	3.5	差
氢氟酸	1	26	127	差
无水氢氟酸	100	25	0.127~1.27	良
5%（体积分数）HF+35%（体积分数）HNO_3	—	25	452	极差
过氧化氢	3	25	<0.127	优
	6	25	<0.127	优
	30	25	<0.305	良
	5	66	0.061	优
	5	66	0.152	良
	20	66	0.69	良
	0.08	70	0.42	良
王水	质量比为3:1	25	0.000	优
	质量比为3:1	80	0.86	良
	质量比为3:1	沸腾	1.12	良
蚁酸	50	20	0.000	优
草酸	5	20	0.127	良
	5	沸腾	29.390	差
	10	20	0.008	优
甲酸	10	沸腾	1.27	良
	25	100	2.44	差
	50	100	7.620	差
丹柠酸	25	20	<0.127	优
	25	沸腾	<0.127	优
甲醛	100	25	0.000	优
苯（微量HCl）	蒸气+液体	80	0.005	优
	液体	50	0.025	优
氢氧化钠	20	20	<0.127	优
	20	沸腾	<0.127	优
	50	20	<0.0025	优
	50	沸腾	0.0508	优

（续）

介质	质量分数（%）	温度/℃	腐蚀速度/(mm/年)	耐蚀性等级[1]
氢氧化钾	25	沸腾	0.305	良
	50	30	0.000	优
	50	沸腾	2.743	差
氢氧化铵	28	20	0.0025	优
氯化铁	40	20	0.000	优
	40	95	0.002	优
氯化钙	10	20	<0.127	优
	10	沸腾	0.000	优
氯化镁	10	20	<0.127	优
	10	沸腾	<0.127	优
硫酸钾	10	25	0.000	优
溴	液体	30	迅速侵蚀	极差
	蒸气	30	<0.003	优
	干的溴气	21	迅速溶解	极差
硝酸银	11	20	<0.127	优

① 耐蚀性等级（腐蚀速度）：<0.127mm/年为优；0.127～1.27mm/年为良；>1.27mm/年为差。

（8）电化学腐蚀　在与大多数金属构成的原电池系统中，钛及钛合金的电位属于高价正电位，因而当其他金属或合金与其接触时要被腐蚀。但是，钛的电位低于镍基合金。

1.5　力学性能

1. 技术标准规定的力学性能

工业纯钛技术标准规定的力学性能见表1-11。

表1-11　工业纯钛技术标准规定的力学性能

技术标准	牌号	品种	状态	取样方式	室温力学性能[1]				
					抗拉强度 R_m/MPa	条件屈服强度 $R_{p0.2}$/MPa	断后伸长率 A（%）	断面收缩率 Z（%）	硬度HBW
					≥				≤
GB/T 6614—2014	ZTA1	铸件	铸态	—	345	275	20	—	210
	ZTA2	铸件	铸态	—	440	370	13	—	235
	ZTA3	铸件	铸态	—	540	470	12	—	245

（续）

技术标准	牌号	品种	状态	取样方式	室温力学性能[①]				
					抗拉强度 R_m /MPa	条件屈服强度 $R_{p0.2}$/MPa	断后伸长率 A（%）	断面收缩率 Z（%）	硬度 HBW
					≥				≤
GJB 2896A—2020	ZTA1	精密铸件	退火	精铸附铸试样[①]	345	275	12	—	—
HB 5448—2012	ZTA1	精密铸件	退火	精铸附铸试样[①]	343 ~ 539	274 ~ 470	12 ~ 20	—	—

① 从铸件上切取试样的室温力学性能允许比附铸试样的力学性能低5%。

2. 室温下的力学性能

（1）室温硬度　工业纯钛的室温硬度见表1-12。

表1-12　工业纯钛的室温硬度

品种	状态	牌号	硬度 HRB
铸件	退火	ZTA1	90.0
		ZTA2	96.4

（2）室温拉伸性能　工业纯钛的室温拉伸性能统计值见表1-13和表1-14。

表1-13　工业纯钛的室温拉伸性能统计值一

牌号	ZTA2						
技术标准	GB/T 6614—2014						
品种	铸件						
状态	退火						
测试项目名称	标准规定值	平均值	最小值	最大值	标准差 S	离散系数 C_v	测试次数
抗拉强度 R_m /MPa	440	498	—	—	42.9	0.086	39
条件屈服强度 $R_{p0.2}$/MPa	370	427	—	—	45.0	0.105	37
断后伸长率 A(%)	15.9						
断面收缩率 Z(%)	—						

表 1-14　工业纯钛的室温拉伸性能统计值二

技术标准		GJB 2896A—2020				
品种		精铸件				
状态		退火				
牌号	测试项目名称	标准规定值	平均值	最小值	最大值	测试次数
ZTA1①	抗拉强度 R_m /MPa	345	520.5	513	528	2
	条件屈服强度 $R_{p0.2}$ /MPa	275	427.5	419	436	2
	断后伸长率 A(%)	12	21.2	19.0	23.3	2
	断面收缩率 Z(%)	—	33.3	21.6	45.0	2
	硬度 HBW	—	90.0（HRB）	87.5	91.9	6
ZTA2②	抗拉强度 R_m /MPa	—	609	606	640	4
	条件屈服强度 $R_{p0.2}$/MPa	—	517.3	494	537	4
	断后伸长率 A(%)	—	12.0	10.2	13.0	3
	断面收缩率 Z(%)	—	27.3	25.6	29	3
	硬度 HBW	—	96.4（HRB）	92.1（HRB）	100	18

① 其对应化学成分：$w_N = 0.026\%$；$w_C = 0.028\%$；$w_H = 0.002\%$；$w_{Fe} = 0.40\%$；$w_O = 0.11\%$；$w_{Si} < 0.05\%$。

② 其对应化学成分：$w_N = 0.015\%$；$w_C = 0.016\%$；$w_H = 0.0018\%$；$w_{Fe} = 0.18\%$；$w_O = 0.27\%$；$w_{Si} \leq 0.05\%$。

1.6　相变温度与组织结构

1. 相变温度

工业纯钛从高温 β 相冷却下来转变为 α 相的温度与其纯度（即级别）有关。工业纯钛的相变温度见表 1-15。

表 1-15　工业纯钛的相变温度

级别	高纯钛（碘化法制得）	Ti-55①	Ti-70①
β→α 温度/℃	882.8	899~918.4	907.2~948.9

① 美国 ASM 标准中的牌号。

2. 组织结构

工业纯钛从 β 高温区缓慢冷却后转变为单一的 α 组织。如果采用快速冷却可以获得细小的针状 α 组织，如图 1-4 所示。

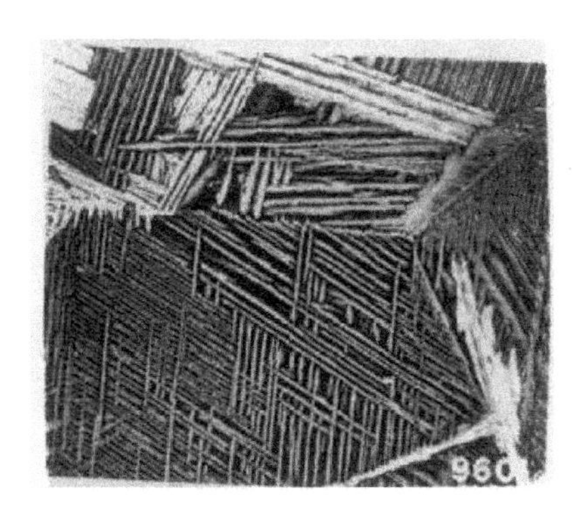

图 1-4　快速冷却后获得的针状 α 组织（×50）

1.7　工艺性能

1. 成形性能

工业纯钛具有很好的铸造性能，可以浇注成形各种复杂形状的大、中、小型薄壁铸件。

2. 焊接性能

工业纯钛具有极好的焊接性能。采用惰性气体保护的手工钨极氩弧焊，其焊接接头的性能与基体的性能基本相同。

1.8　选材及应用

1. 应用概况与特殊要求

在铸钛工业中，工业纯钛主要用于铸造应用于化工领域的铸件，以及有耐腐蚀要求的铸件。工业纯钛的耐蚀性优于钛合金。工业纯钛与其他几种钛合金于 25℃下在盐酸和磷酸溶液中的耐蚀性如图 1-5 所示。

2. 品种规格与供应状态

根据铸件的工作特性和质量要求，工业纯钛可以铸态、退火状态或热等静压状态的不同品种和规格的机械加工石墨型铸件、捣实石墨（砂）型铸件或熔模精铸件供应。

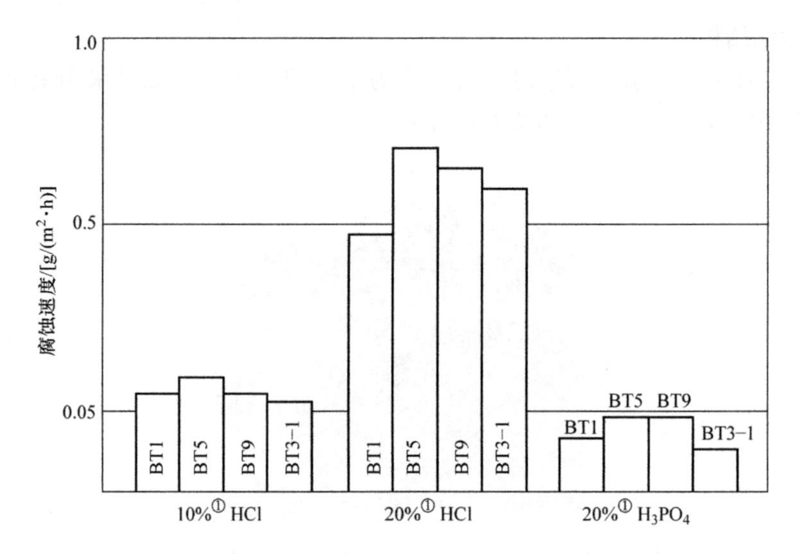

图 1-5 工业纯钛与其他几种钛合金于 25℃下在盐酸和磷酸溶液中的耐蚀性

① 此处为体积分数。

注：BT1—工业纯钛，类似于 TA1、TA2、TA3；BT5—Ti - 5Al，类似于 TA5；BT9—Ti - 6. 5Al - 3Mo - 1. 5Zr - 0. 2Si，类似于 TC11；BT3 - 1—Ti - 0. 05C - 0. 15Fe - 0. 08Si - 0. 04N - 0. 1O，类似于 TC6。

ZTA5合金

2.1 概述

ZTA5 合金（相当于俄罗斯 BT5Л 合金）是一种中等强度的 α 型合金，它含有单一的 α 稳定元素 Al，Al 含量超过 4%（质量分数），在凝固结晶过程中 Al 会释放出大量的结晶热，使该合金具有良好的铸造性能以及焊接性能。此外该合金与其他几种主要铸造钛合金相比具有高 10% ~15% 的疲劳性能，见表 2-1。该合金不能热处理强化，但可通过变质处理提高强度，改善性能，这将在后面介绍。该合金通常是在退火或热等静压状态下使用，可在 400℃ 以下长期工作（2000h）。它可用于制造航空、航天和其他工业用的各种复杂薄壁异形结构件，已在俄罗斯获得广泛使用。图 2-1 ~ 图 2-3 所示为俄罗斯在各种铸型中铸造的 BT5Л 合金铸件。

表 2-1　BT5Л 合金与其他几种主要铸造钛合金疲劳性能的比较

合金牌号	BT5Л	BT6Л	BT9Л	BT14Л	BT20Л	BT21Л
疲劳极限 σ_D/MPa	250	200	180	190	210	200

图 2-1　在金属型中铸造的 BT5Л 合金压气机机匣

图 2-2　在熔模焦炭型壳中铸造的 BT5Л 合金 AИ25 涡喷发动机导向装置

图 2-3　在熔模石墨型壳中铸造的各种 BT5Л 合金铸件

2.2　材料牌号与技术标准

1）ZTA5 为合金代号，其相应牌号是 ZTiAl4。与 ZTA5 相近的国外牌号有 BT5Л（俄罗斯）。

2）相关的技术标准有 GB/T 15073—2014《铸造钛及钛合金》、GB/T 6614—2014《钛及钛合金铸件》、GJB 2896A—2020《钛及钛合金熔模精密铸件规范》、ТУ 1－92－184－91《Сплавы титановые литейные. Марки》、ОСТ 1 90060－92《Отлцвки Фасонные из титановых сплавов. Технические требования》。

3）ТУ1－92－184－91 规定了 BT5Л 的化学成分，见表 2-2；GB/T 15073—2014 和 GJB 2896A—2020 规定了 ZTA5 的化学成分，见表 2-3。

表2-2　BT5Л合金的化学成分（质量分数）　（%）

合金元素		杂质　≤								
Al	Ti	Fe	Si	C	Zr	W	N	H	O	其他元素①
4.1～6.2	基体	0.35	0.20	0.20	0.80	0.20	0.05	0.015	0.20	0.30

① 允许含 w_{Mo}≤0.8%和 w_V≤1.2%。

表2-3　ZTA5合金的化学成分（质量分数）　（%）

合金元素		杂质　≤							
Al	Ti	Fe	Si	C	N	H	O	其他元素①	
								单个	总和
3.3～4.7	基体	0.30	0.15	0.10	0.04	0.015	0.20	0.10	0.40

① 产品出厂时供方可不检验其他元素，用户要求并在合同中注明时可予以检验。

2.3　熔炼铸造与热处理

1. 熔炼与铸造工艺

（1）熔炼工艺　根据铸件的用途和质量要求，采用在真空自耗电极电弧炉中经一次或两次熔炼而成的母合金铸锭，或在真空自耗电极电弧炉中经两次熔炼而成的大铸锭，以经开坯锻造去除表面氧化皮的棒料作为母合金电极，然后在真空自耗电极电弧凝壳炉中重熔铸造。

（2）铸造工艺　以上述的母合金锭或棒料作自耗电极，在真空自耗电极电弧凝壳炉中重熔。根据浇注铸件的形状、尺寸及重量，采用重力（静力）浇注或离心浇注。如果遇到复杂而薄壁难以成形的铸件，可以采用离心浇注。浇注铸型根据铸件的形状、尺寸和重量以及所需数量可选用熔模精铸型壳、捣实石墨（砂）型或机加工石墨型等作为铸型。

2. 热处理工艺

（1）去应力退火　于550～700℃保温0.5～2h，空冷或炉冷。

（2）退火（完全退火）　于700～850℃保温0.5～3h，空冷。

（3）热等静压　在100～140MPa氩气压力中，于910℃±10℃保温2.0～2.5h，随炉冷却至300℃以下出炉。

2.4　物理性能与化学性能

1. 物理性能

（1）热性能

1）熔化温度范围为1600～1680℃。

2）BT5Л合金的热导率见表2-4。

表2-4 BT5Л合金的热导率

温度 θ/℃	25	100	200	300	400	500	600
热导率 λ/[W/(m·℃)]	8.79	9.63	10.9	11.7	13.0	14.2	15.5

3）BT5Л合金的比热容见表2-5。

表2-5 BT5Л合金的比热容

温度 θ/℃	100	200	300	400	500	600
比热容 c/[J/(kg·℃)]	544	586	628	670	712	754

4）BT5Л合金的线胀系数见表2-6。

表2-6 BT5Л合金的线胀系数

温度 θ/℃	20～100	20～200	20～300	20～400	20～500	20～600	20～700	20～800	20～900
线胀系数 $\alpha_l/(10^{-6}/℃)$	8.6	8.8	8.9	9.1	9.2	9.3	9.5	9.6	9.8
温度 θ/℃	100～200	200～300	300～400	400～500	500～600	600～700	700～800	800～900	—
线胀系数 $\alpha_l/(10^{-6}/℃)$	9.1	9.2	9.7	9.8	9.9	10.3	10.7	11.3	—

（2）电性能　ZTA5（BT5Л）合金20℃时的电阻率为1.32μΩ·m。

（3）密度　ZTA5（BT5Л）合金的密度为4.41g/cm³。

（4）磁性能　ZTA5（BT5Л）合金无磁性。

2. 化学性能

（1）抗氧化性能　与工业纯钛相近。

（2）耐蚀性　与ZTC4合金相似。

2.5 力学性能

1. 技术标准规定的力学性能

ZTA5（BT5Л）合金技术标准规定的力学性能见表2-7。

表 2-7 ZTA5（BT5Л）合金技术标准规定的力学性能

技术标准	品种	状态	取样方式	力学性能					
				抗拉强度 R_m/MPa	条件屈服强度 $R_{p0.2}$/MPa	断后伸长率 A（%）	断面收缩率 Z（%）	硬度 HBW	冲击韧度 a_K/（J/cm^2）
GB/T 6614—2014 GJB 2896A—2020	铸件	退火或热等静压状态	附铸试样或铸件	≥590	≥490	≥10	—	≤270	—
OCT 1 90060－92	铸件	铸态、退火或热等静压状态	附铸试样、浇注系统或铸件	686～980	≥617	≥6	≥14	—	29.4

2. 各种条件下的力学性能

（1）拉伸性能 BT5Л合金在各种温度下的拉伸性能见表2-8。

表 2-8 BT5Л 合金在各种温度下的拉伸性能

品种	状态	温度 θ/℃	抗拉强度 R_m/MPa	条件屈服强度 $R_{p0.2}$/MPa	断后伸长率 A(%)	断面收缩率 Z(%)
铸件	铸态	－70	833	774.2	6	12
		20	764.4	666.4	6	14
		300	392	313.6	8	25
		400	343	245	10	30
		500	294	—	13	—

（2）冲击性能 BT5Л合金在各种温度下的冲击韧度见表2-9。

表 2-9 BT5Л 合金在各种温度下的冲击韧度

品种	状态	温度 θ/℃	冲击韧度 a_K/(J/cm^2)
铸件	铸态	－70	14.7
		20	29.4

（3）热稳定性 BT5Л合金试样热暴露后的室温拉伸性能见表2-10。

表 2-10 BT5Л 合金试样热暴露后的室温拉伸性能

品种	状态	热暴露条件		抗拉强度 R_m/MPa	断后伸长率 A(%)	冲击韧度 a_K/(J/cm^2)
		温度 θ/℃	时间 t/h			
铸件或附铸试样	铸态	未暴露		764.4	6	29.4
		400	2000	774.2	6	29.4

（4）持久和蠕变性能

1）BT5Л 合金的高温持久强度见表 2-11。

表 2-11　BT5Л 合金的高温持久强度

品种	状态	温度 θ/℃	持久强度 σ_{100}/MPa
铸件	铸态	300	392
		400	343

2）BT5Л 合金的高温蠕变强度见表 2-12。

表 2-12　BT5Л 合金的高温蠕变强度

品种	状态	温度 θ/℃	蠕变强度 $\sigma_{0.2/100}$/MPa
铸件	铸态	400	274.4

（5）疲劳性能　BT5Л 合金的光滑试样和缺口试样的高周疲劳极限见表 2-13。

表 2-13　BT5Л 合金的光滑试样和缺口试样的高周疲劳极限

品种	状态	循环次数 N/周次	疲劳极限 σ_D/MPa	缺口疲劳极限 σ_{DH}/MPa
铸件	铸态	10^7	245	245

注：光滑试样和缺口试样的疲劳极限不应该一样，缺口试样的值应低于光滑试样。

（6）弹性性能　BT5Л 合金在各种温度下的弹性模量见表 2-14。

表 2-14　BT5Л 合金在各种温度下的弹性模量

品种	状态	温度 θ/℃	弹性模量 E/GPa
铸件	铸态	20	115.72
		300	102.97
		400	91.2

（7）断裂性能　BT5Л 合金的断裂韧度见表 2-15。

表 2-15　BT5Л 合金的断裂韧度

品种	状态	断裂韧度 K_{IC}/MPa · $m^{\frac{1}{2}}$
试样	铸态	133.3

2.6　相变温度与组织结构

1. 相变温度

ZTA5（BT5Л）合金的相变温度范围为 980～1030℃。

2. 组织结构

ZTA5（BT5Л）合金在铸态下的典型组织为针状 α 片组成的网篮状组织（见图 2-4a）。但是，如果用硼或碳化硼对 BT5Л 合金进行变质处理，就会使它的 α 片的取向分散和减小，晶内的组织比原始晶粒细化 2 ~4 倍（见图 2-4b），从而使它的性能得到改善（见表 2-16），使合金的疲劳极限和低周疲劳提高 40 ~50MPa，如图 2-5 所示。

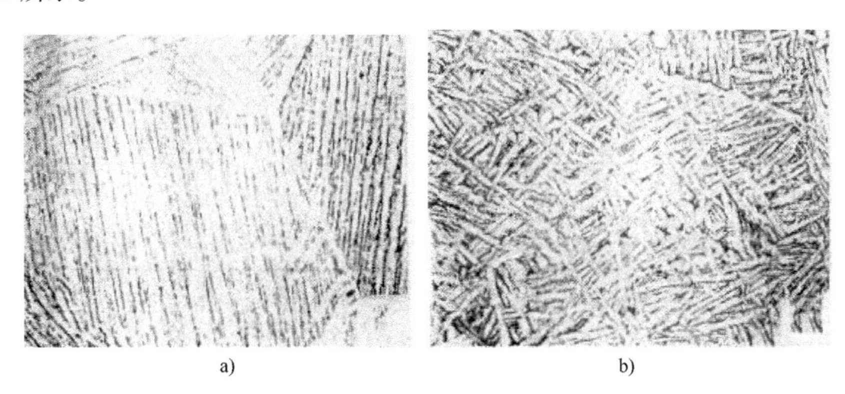

a)　　b)

图 2-4　BT5Л 合金铸态下的显微组织（×500）

a）典型组织　b）用硼或碳化硼变质处理后的组织

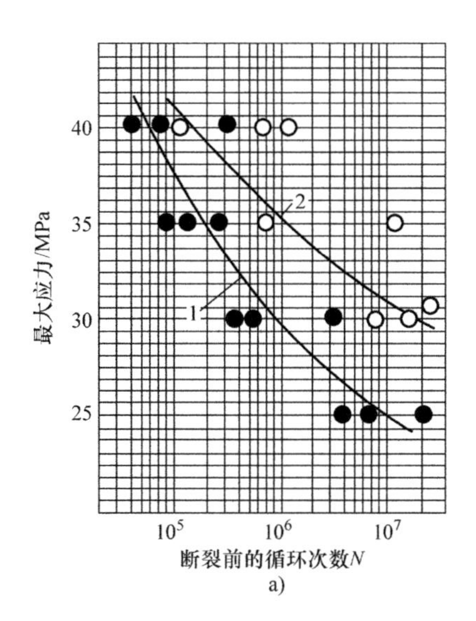

a)

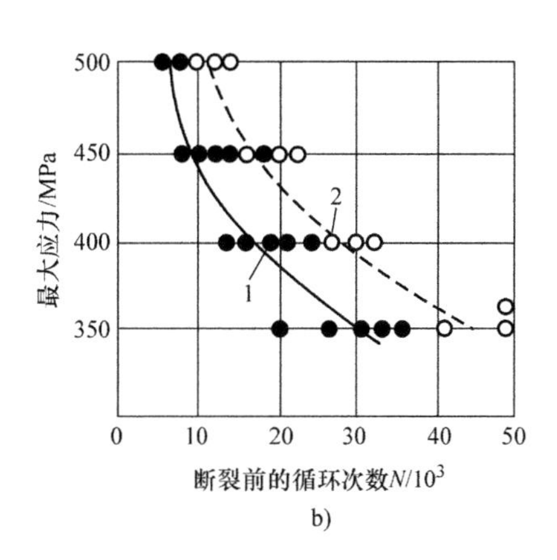

b)

图 2-5　变质处理对 BT5Л 合金疲劳性能的影响

a）高周疲劳　b）低周疲劳

1—未变质处理试样　2—变质处理后试样

表 2-16 变质处理对 BT5Л 合金力学性能的影响

状态	抗拉强度 R_m /MPa	断后伸长率 A(%)	断面收缩率 Z(%)	冲击韧度 a_K/(J/cm²)	冲击弯曲韧度 K_{CT}/(J/cm²)	断裂韧度 K_{IC}/MPa·$m^{\frac{1}{2}}$
铸态（未变质处理）	735	6.5	24	76.5	40.2	133.3
加 0.007%（质量分数，下同）B_4C（变质处理）	784	13	29	58.8	26.4	114.1
加 0.01% B_4C（变质处理）	804	11	31.9	56.0	25.5	112.3
加 0.02% B_4C（变质处理）	714	10	285	56.0	22.5	108.9

2.7 工艺性能

1. 成形性能

ZTA5（BT5Л）合金是现有的工业铸造钛合金中铸造性能最好的一种合金（见表 2-17、表 2-18），可以浇注成形形状复杂的薄壁件，若遇到很复杂而薄壁难以成形的铸件，在可能的条件下应尽量采用离心铸造。

表 2-17 现有的工业铸造钛合金的流动性

合金牌号	BT1Л	BT5Л	BT6Л	BT9Л	BT14Л	BT35Л
流动性/mm	540	560	515	505	510	530

注：流动性的评定是根据浇注在截面积为 0.75cm² 的三角形的石墨螺旋形试样铸型中试样的长度确定的。

表 2-18 BT5Л 合金的铸造工艺和铸造性能

熔炼方法	铸件浇注方法	温度/℃		冷却条件	流动性 /mm	线收缩率（%）
		熔化	浇注			
真空自耗电极电弧凝壳炉熔炼	离心	1640（液相线） 1600（固相线）	1850～2000	真空冷却	560①	1.0～1.2

① 流动性评定方法见表 2-17。

2. 焊接性能

ZTA5（BT5Л）合金由于只含有单一合金元素 Al，因而具有良好的焊接性能。在采用钨极氩弧焊技术、严格控制焊接工艺的条件下，BT5Л 合金焊接后，其焊接接头的强度与基体很相近（见表 2-19）。

表 2-19　BT5Л 合金的焊接性

焊接材料	焊接方法	厚度/mm	焊丝	焊后热处理工艺	试验温度/℃	抗拉强度 R_m /MPa
BT5Л + BT5Л	自动氩弧焊	4	BT2	800℃ 退火，保温 1h	20	715.4
					300	392
					400	343
BT5Л + OT4	自动氩弧焊	4	BT1 - 00	800℃退火，保温 1h	20	715.4
					350	421.4

3. 热处理工艺性能

航空航天工业用的 ZTA5（BT5Л）合金的Ⅰ、Ⅱ类铸件和其他工业上应用的重要铸件，通常应经热等静压后方可使用，其目的是消除铸件中的缩孔、缩松和气孔等缺陷，以提高疲劳性能和使用的可靠性。热等静压工艺见 2.3 节，它经过热等静压后的力学性能见表 2-20。一般铸件只需退火，消除残余应力即可。

表 2-20　BT5Л 合金热等静压前后的力学性能

品种	状态	抗拉强度 R_m /MPa	断后伸长率 A（%）	断面收缩率 Z（%）	疲劳极限 σ_D/MPa
试样或铸件	铸态（有缺陷）	784	4.5	9	215
	在 120MPa 氩气中于 950℃下热等静压 4h	882	12	22	353

BT5Л 合金铸造试样采用各种方法消除缺陷后的典型力学性能见表 2-21。

表 2-21　BT5Л 合金铸造试样采用各种方法消除缺陷后的典型力学性能

铸造试样状态[①]	力学性能			
	抗拉强度 R_m /MPa	断后伸长率 A(%)	断面收缩率 Z(%)	冲击韧度 a_K/(J/cm²)
试样无缺陷	800	12.1	26.0	50.0
试样中存在 ϕ3mm 缩孔	723	2.3	8.0	—
试样采用补焊消除缩孔后	780	7.0	14.0	40.0
试样经热等静压后	829	17.4	34.6	70.0

① 铸造试样经过机械加工。

2.8　功能考核试验

BT5Л 合金在俄罗斯的航空航天工业中获得广泛应用，在首次采用铸钛件的第一批某型号产品中就使用了重量达6695kg的BT5Л合金铸件，占该机所有铸件重量的11%。我国由于种种原因，ZTA5合金在航空、航天工业中没获得重视和应用。

2.9 选材及应用

1. 应用概况与特殊要求

（1）应用概况　由于该合金除具有优良的铸造性能和塑性外，还具有较高的疲劳极限，因而在俄罗斯航空工业中常被用于制造要求高可靠性的结构件，国内目前用量还不多。由于该合金具有中等强度和较好的工艺性能，可在400℃以下长期工作（2000h），建议可选用该合金制造航空、航天和其他重要装备上承力中等的各种异形薄壁结构件。

（2）特殊要求　如果要求提高ZTA5（BT5Л）合金的疲劳极限，可在该合金中加入0.01%（质量分数）的硼或碳化硼进行变质处理，使其晶粒比原始晶粒细化2～4倍，从而可使它的疲劳极限和低周疲劳提高40～50MPa，不管铸件壁厚如何，它的强度和塑性指标均保持稳定。

2. 品种规格与供应状态

根据铸件的工作特性和质量要求，以铸态、退火状态或热等静压状态的不同品种和规格的机加工石墨型铸件、捣实石墨（砂）型铸件或熔模精铸件供应。

ZTA7合金

3.1 概述

ZTA7 合金的名义成分为 Ti－5Al－2.5Sn，含有 5% Al、2.5% Sn（质量分数，后同），因而具有很好的铸造性能，以及熔焊性能。它是一种中等强度的 α 型钛合金，只能在退火状态或热等静压状态下使用，不能热处理强化，在室温和高温下具有良好的断裂韧度。与其他的钛合金相比，其抗拉强度随温度的降低迅速增大，在液氢温度下，其条件屈服强度与密度之比可从 12×10^5MPa/(g/cm^3) 增大到 15×10^5MPa/(g/cm^3)，增大的程度取决于间隙元素的含量。它的抗拉强度和条件屈服强度随间隙元素含量的增加而增大，而断裂韧度则相反。超低间隙元素合金（ELI）制件特别适合在低温下使用，这种级别的合金制件在低温下仍然具有良好的韧度和强度。但是该合金的抗热盐应力腐蚀能力不如其他常用的钛合金，而且它在与液态氧接触时或在与压力大于 0.35MPa 的气态氧接触时，有可能发生激烈爆炸。

ZTA7 合金可用于制造发动机机匣、支架、支座以及其他各种异形铸件，它的长期工作温度可达 500℃，短时工作温度可达 800℃。

3.2 材料牌号与技术标准

1）ZTA7 为合金代号，其相应牌号是 ZTiAl5Sn2.5，相近的国外牌号有 ASTM B367 Grade C－6（美国），G－TiAl5Sn2.5（德国），KS115AS－C（日本）。

2）相关的技术标准有：GB/T 15073—2014《铸造钛及钛合金》、GB/T 6614—2014《钛及钛合金铸件》、GJB 2896A—2020《钛及钛合金熔模精密铸件规范》、HB 5448—2012《钛及钛合金熔模精密铸件规范》。

3）GB/T 15073—2014、GJB 2896A—2020 和 HB 5448—2012 规定了 ZTA7 的化学成分，见表 3-1。

表 3-1　ZTA7 合金的化学成分（质量分数）　（%）

牌号	合金元素			杂质 ≤							
	Al	Sn	Ti	Fe	Si	C	N	H	O	其他元素[②]	
										单个	总和
ZTA7	4.0~6.0	2.0~3.0	余量	0.50[①]	0.15	0.10	0.05	0.015	0.20[①]	0.10	0.40

① GJB 2896A—2020 和 HB 5448—2012 规定：w_{Fe}≤0.30%；w_{O}≤0.15%。

② 产品出厂时供方可不检验其他元素，用户要求并在合同中注明时可予以检验。

3.3　熔炼铸造与热处理

1. 熔炼与铸造工艺

（1）熔炼工艺　根据铸件的用途和质量要求，采用在真空自耗电极电弧炉中经一次或两次熔炼而成的母合金铸锭，或在真空自耗电极电弧炉中经两次熔炼而成的大铸锭，以经开坯锻造去除表面氧化皮的棒料作为母合金电极，然后在真空自耗电极电弧凝壳炉中重熔铸造。

（2）铸造工艺　以上述的母合金锭或棒料作自耗电极，在真空自耗电极电弧凝壳炉中重熔浇注。根据铸件的形状、尺寸、重量与数量，可选用机加工石墨型、捣实石墨（砂）型和熔模精铸陶瓷型壳等作为铸型进行铸造，铸件成形方式可采用重力（静止）铸造或离心铸造。如果铸件很复杂且薄壁难以成形，应尽可能采用离心铸造。

2. 热处理工艺

（1）去应力退火　于550~700℃保温0.5~2h，空冷或炉冷。

（2）退火（完全退火）　于700~850℃保温0.5~3h，空冷。

（3）热等静压　在100~140MPa氩气压力下，于910℃±10℃保温2~2.5h，随炉冷却至300℃以下出炉。

3.4　物理性能与化学性能

1. 物理性能

（1）热性能

1）熔化温度范围：1540~1650℃。

2）ZTA7 合金的热导率见表 3-2。

表 3-2　ZTA7 合金的热导率

温度 θ/℃	20	100	200	300	400	500	600	700
热导率 λ/[W/(m·℃)]	8.8	9.6	10.9	12.2	13.4	14.7	15.9	17.2

3）ZTA7 合金的比热容见表3-3。

表3-3　ZTA7 合金的比热容

温度 θ/℃	20	100	200	300	400	500
比热容 c/[J/(kg·℃)]	503	545	566	587	628	670

4）ZTA7 合金的线胀系数见表3-4。

表3-4　ZTA7 合金的线胀系数

温度 θ/℃	20～100	20～200	20～300	20～400	20～500	20～600	20～700	20～800
线胀系数 α_l/(10^{-6}/℃)	8.5	8.8	9.1	9.3	9.5	9.6	9.7	10.1
温度 θ/℃	20～900	100～200	200～300	300～400	400～500	500～600	600～700	—
线胀系数 α_l/(10^{-6}/℃)	10.5	9.3	9.7	10.0	10.3	10.5	11.0	—

（2）电性能　ZTA7 合金的电阻率见表3-5。

表3-5　ZTA7 合金的电阻率

温度 θ/℃	20	100	200	300	400	500	600
电阻率 ρ/μΩ·m	1.38	1.69	1.75	1.80	1.84	1.87	1.88

（3）密度　ZTA7 合金的密度为4.42g/cm^3。

（4）磁性能　ZTA7 合金无磁性。

2. 化学性能

（1）抗氧化性能　与工业纯钛和 ZTC4 合金相近。

（2）耐蚀性　ZTA7 合金在普通大气条件下和海水中是稳定的，但它对高温下盐的腐蚀比其他钛合金敏感，例如在316℃和207MPa 应力作用下的人造海盐重度覆盖环境中暴露100h 时，会发生应力腐蚀。

3.5　力学性能

1. 技术标准规定的力学性能

ZTA7 合金技术标准规定的力学性能见表3-6。

表 3-6 ZTA7 合金技术标准规定的力学性能

技术标准	品种	状态	取样方式	室温					300℃	
				抗拉强度 R_m/MPa	条件屈服强度 $R_{p0.2}$/MPa	断后伸长率 A(%)	断面收缩率 Z(%)	硬度 HBW	抗拉强度 R_m/MPa	持久强度 σ_{100}/MPa
				≥				≤	≥	
GB/T 6614—2014	铸件	铸态	—	795	735	8	—	335	—	—
GJB 2896A—2020	精密铸件	退火或热等静压①	精铸附铸试样②	760	700	5	12	—	410	400

① 航空、航天工业用的Ⅰ、Ⅱ类铸件必须经热等静压处理。

② 从铸件上切取试样的室温力学性能允许比附铸试样的性能低 5%。

2. 各种条件下的力学性能。

（1）室温硬度 ZTA7 合金的室温硬度见表 3-7。

表 3-7 ZTA7 合金的室温硬度

品种	状态	硬度 HBW
铸件	于 650℃保温 1h，炉冷至 300℃空冷	361
浇道	于 650℃保温 1h，炉冷至 300℃空冷	362
	800℃，1h，空冷	355

（2）拉伸性能

1）ZTA7 合金的室温拉伸性能统计值见表 3-8。

表 3-8 ZTA7 合金的室温拉伸性能统计值

技术标准		GJB 2896A—2020				
品种		铸件和浇注系统				
状态		退火				
试样来源	拉伸性能	标准规定值	平均值	最小值	最大值	测试次数
铸件	抗拉强度 R_m/MPa	760	801.5	775.2	825.2	7
	条件屈服强度 $R_{p0.2}$/MPa	700	744.8	735	754.6	3
	断后伸长率 A（%）	5	9.7	7.5	10.8	7
	断面收缩率 Z（%）	12	25.6	23.9	28.6	5
	冲击韧度 a_K/(J/cm^2)	49.0	59.6	40.2	91.1	7
	硬度 HBW	294	360.6	360.6	360.6	2

（续）

试样来源	拉伸性能	标准规定值	平均值	最小值	最大值	测试次数
浇注系统	抗拉强度 R_m/MPa	760	798.9	781.1	815.4	6
	条件屈服强度 $R_{p0.2}$/MPa	700	734.1	731.1	737	2
	断后伸长率 A（%）	5	9.1	7.8	10.9	6
	断面收缩率 Z（%）	12	26.6	23.9	31.1	6
	冲击韧度 a_K/(J/cm^2)	49.0	55.1	48.0	59.8	5
	硬度 HBW	294	349	307	362	5

2）ZTA7 合金的高温拉伸性能统计值见表 3-9。

表 3-9 ZTA7 合金的高温拉伸性能统计值

技术标准			GJB 2896A—2020				
品种			铸件和浇注系统				
状态			退火				
温度 θ/℃	试样来源	拉伸性能	标准规定值	平均值	最小值	最大值	测试次数
330	铸件	抗拉强度 R_m/MPa	410	430.7	370.4	476.3	6
		断后伸长率 A（%）	—	17.5	14.2	20.8	6
		断面收缩率 Z（%）	—	45.0	40.4	53.7	6
	浇注系统	抗拉强度 R_m/MPa	410	444.9	423.4	454.7	4
		断后伸长率 A（%）	—	15.2	14.2	16.4	4
		断面收缩率 Z（%）	—	42.4	40.8	45.7	4

（3）冲击韧度　ZTA7 合金的室温冲击韧度见表 3-10。

表 3-10 ZTA7 合金的室温冲击韧度

品种	状态	试样来源	冲击韧度 a_K/(J/cm^2)
机匣铸件	退火	机匣上取样	59.6
浇注系统	退火	浇注系统上取样	55.1

（4）弹性性能　ZTA7 合金的弹性性能见表 3-11。

表 3-11 ZTA7 合金的弹性性能

品种	状态	温度 θ/℃	弹性模量 E/GPa
机加工石墨梅花型试棒	于650℃保温1h，空冷	20	119.6

3.6 相变温度与组织结构

1. 相变温度

冷却时 β 发生转变的温度为 1040～1090℃，加热升温时 α 发生转变的温度为 930～970℃。

2. 组织结构

铸件浇注完后，从高温冷却到 1100℃ 以后，β 相区逐渐转变成粗大的针状 α 和呈编篮状存在的针状 α 的组织（见图 3-1）。铸件经退火后，其组织与铸态下的组织基本相同（见图 3-2）。

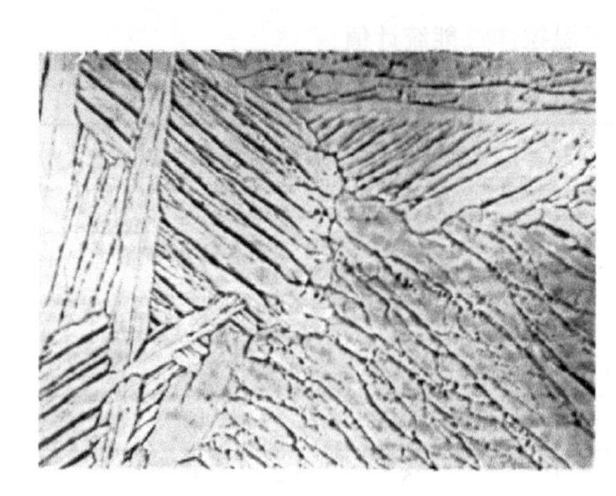

图 3-1　ZTA7 合金铸态显微组织（×300）

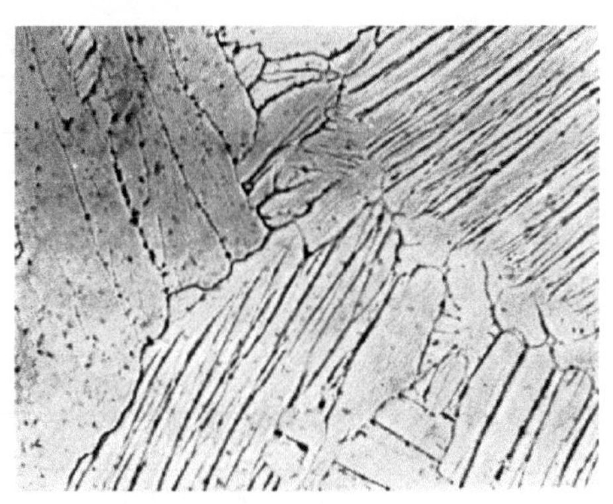

图 3-2　ZTA7 合金退火（于 650℃ 保温 1h，空冷）后显微组织（×300）

3.7 工艺性能

1. 成形性能

ZTA7 合金由于含有 Al 和 Sn 两元素，并具有较窄的凝固温度范围，因而有很好的流动性能和铸造性能，可以浇注成形各种不同壁厚的大、中、小型复杂铸件（见图 3-3）。

2. 焊接性能

ZTA7 合金具有良好的焊接性能，采用惰性气体保护的钨极氩弧焊，其焊接接头的强度与基体相当，见表 3-12。

表 3-12　ZTA7 合金焊接接头的强度

项目名称	状态	温度 θ/℃	抗拉强度 R_m /MPa	断后伸长率 A（%）	冲击韧度 a_K/(J/cm^2)
基体	于 650℃ 保温 1h，空冷	20	798.9	9.1	55.1
焊接接头	于 650℃ 保温 1h，空冷	20	781.1	—	50.4

3.8　选材及应用

1. 应用概况与特殊要求

（1）应用概况　ZTA7 合金的长期工作温度可达 500℃，短时工作温度可达 800℃。可用于制造发动机机匣、支架、支座以及其他各种异形铸件。该合金在美国主要用于制造民用和低温条件下使用的铸件。国内 20 世纪 70 年代曾用该合金铸出了 775 涡桨发动机的压气机机匣（见图 3-3）。

图 3-3　ZTA7 钛合金铸造的 775 涡桨发动机压气机机匣

（2）特殊要求　ZTA7 合金对间隙元素和杂质含量增多引起的脆性是比较敏感的，尤其是在超低温条件下使用时。低温条件下使用的低间隙元素等级（ELI）的 ZTA7 合金对氢、氧、铁、碳等杂质的含量要求是很严格的。

2. 品种规格与供应状态

根据铸件的工作特性和质量要求，以铸态、退火状态或热等静压状态的不同品种和规格的机加工石墨型铸件、捣实（砂）型铸件或熔模精铸件供应。

第4章

4

ZTA15合金

4.1 概述

ZTA15合金与俄罗斯BT20Л铸造钛合金相近，它是BT20变形钛合金演变过来的。BT20变形钛合金是俄罗斯在参照美国Ti－8Al－1Mo－1V合金的基础上自行研制的合金。为了解决811合金由于Al含量比较高，对热盐应力腐蚀开裂十分敏感的问题，俄罗斯在研制BT20变形钛合金时将Al含量降低，同时加入2%Zr（质量分数，后同）。以此提高合金的高温强度和抗蠕变性能及热稳定性。ZTA15合金的名义成分为Ti－6Al－2Zr－1Mo－1V。其中铝当量达到6.32%时，属于高Al当量的近α型铸造钛合金，它通过α稳定元素Al、Zr的固溶作用强化合金，通过β稳定元素Mo与V提高合金的热稳定性和抗蠕变性能，改善它的工艺性能，使它具有α型合金的优点，即良好的铸造性能和焊接性能以及综合力学性能。它的基本特性如下：

1）合金元素配比合理适中，有较好的流动性，适合铸造形状复杂的薄壁铸件。

2）有良好的中等室温和高温强度以及热稳定性，长时间（3000h）工作温度可达500℃；瞬时（不超过5min）可达800℃，在450℃下工作时，寿命可达6000h。而ZTC4合金在400℃下的工作寿命只能达到1000h。

3）具有良好的焊接性能，可采用各种焊接方法进行焊接，其焊接强度可达基体强度的85%～95%。

4）与ZTC4合金比较，在高温下具有更高的抗蠕变能力和更好的抗疲劳裂纹扩展、抗热裂性能以及良好的断裂韧度。该合金适合用于制造在500℃下长期工作的静止的航天、航空结构件，如支架、支座、壳体、框架以及其他各种结构件等。该合金在俄罗斯已被普遍应用于制造航空、航天飞行器中的结构件。

4.2 材料牌号与技术标准

1）ZTA15 为合金代号，其相应牌号是 ZTiAl6Zr2Mo1V1，其相近的国外牌号有 ВТ20Л（俄罗斯）。

2）相关的技术标准有 GJB 2896A—2020《钛及钛合金熔模精密铸件规范》、Q/6S 1734—2000《ZTA15 铸造钛合金》（北京航空材料研究院标准）、Q/3B 1181—2000《ВТ20Л 钛合金铸件技术条件》（沈阳黎明航空发动机集团公司标准）、ТУ 1 - 92 - 184 - 91《Сплавы титановые литейные. Марки》、ОСТ 1 90060—92《Отливки фасонные из титановых сплавов. Технические требования》。

3）GJB 2896A—2020 和 Q/6S 1734—2000、Q/3B 1181—2000 规定了 ZTA15 的化学成分，见表 4-1。

表 4-1 ZTA15 合金的化学成分（质量分数） （%）

合金元素					杂质 ≤						
Al	Mo	V	Zr	Ti	C	Fe	Si	N	H	O	其他
5.5～6.8	0.5～2.0	0.8～2.5	1.5～2.5	基体	0.13	0.30	0.15	0.05	0.01	0.16	0.30

注：1. C 的允许最高质量分数为 0.15%。
2. 每熔批都要分析合金元素，主要杂质含量在工艺检查时检验。

4.3 熔炼铸造与热处理

1. 熔炼与铸造工艺

（1）熔炼工艺　根据铸件的用途和质量要求，采用在真空自耗电极电弧炉中经一次或两次熔炼而成的母合金铸锭，或在真空自耗电极电弧炉中经两次熔炼而成的大铸锭，以经开坯锻造去除表面氧化皮的棒料作为母合金电极，然后在真空自耗电极电弧凝壳炉中重熔铸造。

（2）铸造工艺　用上述的母合金锭作自耗电极，在真空自耗电极电弧凝壳炉中重熔，根据浇注铸件的形状结构、尺寸、壁厚及重量，采用重力铸造或离心铸造。由于采用凝壳炉熔炼，钛合金金属液过热度低，补缩能力比铸钢差。当遇到很复杂而薄壁难以成形结构件时，可以采用离心铸造。这样有利于金属液在较短时间内充满型腔和铸件补缩，减少铸件中的缺陷，改善铸件的性能，提高铸件的质量和可靠性。

目前可用于浇注该合金的铸型有熔模特种氧化物面层陶瓷型壳、捣实（砂）型、机加工石墨型等。到底选用那种铸型浇注，应根据浇注铸件的形状结构、尺寸、壁厚和重量以及质量要求等因素综合比较确定。

2. 热处理工艺

（1）去应力退火　于600～750℃保温1～3h，空冷或炉冷。

（2）退火（完全退火）　于750～800℃±10℃保温1～3h，随炉冷却到500℃后空冷。

（3）热等静压　在100～140MPa氩气压力下，于910℃±50℃保温1.5～3h，随炉冷却至300℃以下出炉。

4.4　物理性能与化学性能

1. 物理性能

（1）热性能

1）熔化温度范围为1600～1680℃。

2）ZTA15合金的热导率见表4-2。

表4-2　ZTA15合金的热导率

温度 θ/℃	室温	100	200	300	400	500	600	700①	800①	900①
热导率 λ/[W/(m·℃)]	6.0	6.7	7.7	8.6	9.7	10.9	12.1	13.4	15.1	17.1

① 参考值。

3）ZTA15合金的比热容见表4-3。

表4-3　ZTA15合金的比热容

温度 θ/℃	室温	100	200	300	400	500	600	700①	800①	900①
比热容 c/[J/(kg·℃)]	527	542	565	583	607	627	646	672	716	763

① 参考值。

4）ZTA15合金的线胀系数见表4-4。

表4-4　ZTA15合金的线胀系数

温度 θ/℃	20～100	20～200	20～300	20～400	20～500	20～600	20～700	20～800	20～900	20～1000
线胀系数 α_l/(10^{-6}/℃)	9.88	10.12	10.40	10.55	10.57	10.56	10.65	10.7	10.66	10.59
温度 θ/℃	100～200	200～300	300～400	400～500	500～600	600～700	700～800	800～900	900～1000	—
线胀系数 α_l/(10^{-6}/℃)	10.32	10.89	10.97	10.66	10.52	11.17	11.00	10.36	9.99	—

（2）电性能　ZTA15合金的室温电阻率为174×10^{-8}/Ω·m。

（3）密度　ZTA15合金的密度为4.456g/cm^3。

（4）磁性能　ZTA15 合金无磁性。

2. 化学性能

（1）抗氧化性能　ZTA15 合金的抗氧化性能与 ZTC4 合金相近。

（2）耐蚀性　ZTA15 合金的耐蚀性优于不锈钢，但不如工业纯钛，与 ZTC4 合金相当。

4.5　力学性能

1. 技术标准规定的力学性能

ZTA15 合金技术标准规定的力学性能见表 4-5。

表 4-5　ZTA15 合金技术标准规定的力学性能

技术标准	品种	状态	取样方式	室温				
				抗拉强度 R_m/MPa	条件屈服强度 $R_{p0.2}$/MPa	断后伸长率 A（%）	断面收缩率 Z（%）	冲击韧度 a_K/(J/cm^2)
Q/6S 1734—2000	试棒	退火或热等静压	单铸或附铸试样	882～1127	≥784	≥5	≥12	≥27.4
GJB 2896A—2020 Q/3B 1181—2000	试棒	退火或热等静压	附铸试棒	≥885	—	≥5	≥12	≥27.0
OCT 1 90060－92	铸件	铸态	铸件	882～1127	≥784	≥5	≥12	≥27.4

注：从铸件上切取试样的力学性能允许比表 4-5 中的 GJB 2896A—2020、Q/6S 1734—2000、Q/3B 1181—2000 标准规定值低 5%。

2. 各种条件下的力学性能

（1）室温硬度　ZTA15 合金的室温硬度见表 4-6。

表 4-6　ZTA15 合金的室温硬度

品种	状态	硬度 HBW
试棒	热等静压	307
铸件	热等静压	301

（2）抗变形性能　ZTA15 合金各种温度下的应力－应变曲线，如图 4-1～图 4-4所示。由图可见，ZTA15 合金在 300～500℃范围内保持了较高的强度，以及较好的抗变形能力，且刚度变化小。

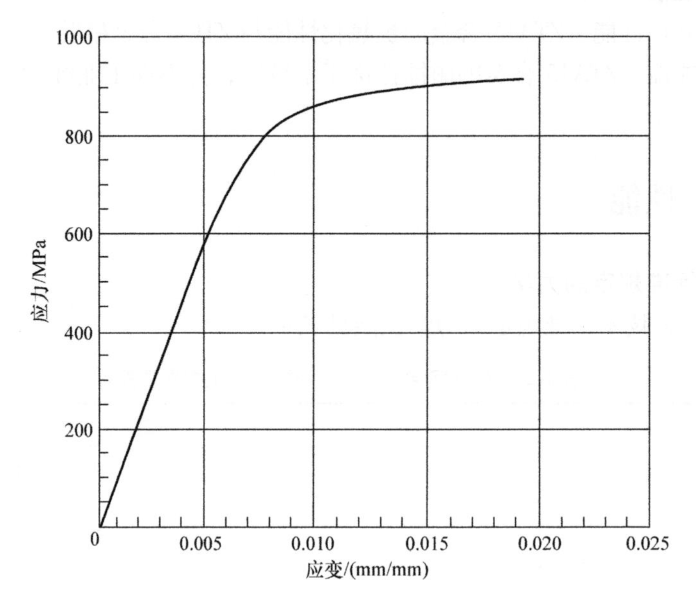

图 4-1 ZTA15 合金室温应力－应变曲线

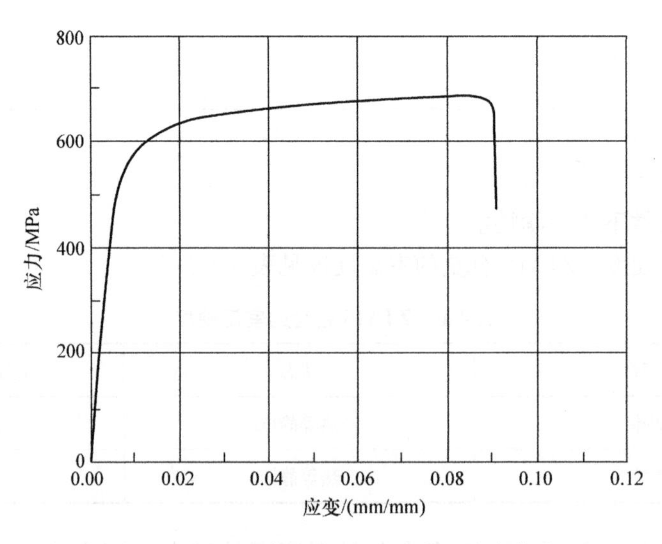

图 4-2 ZTA15 合金 300℃下应力－应变曲线

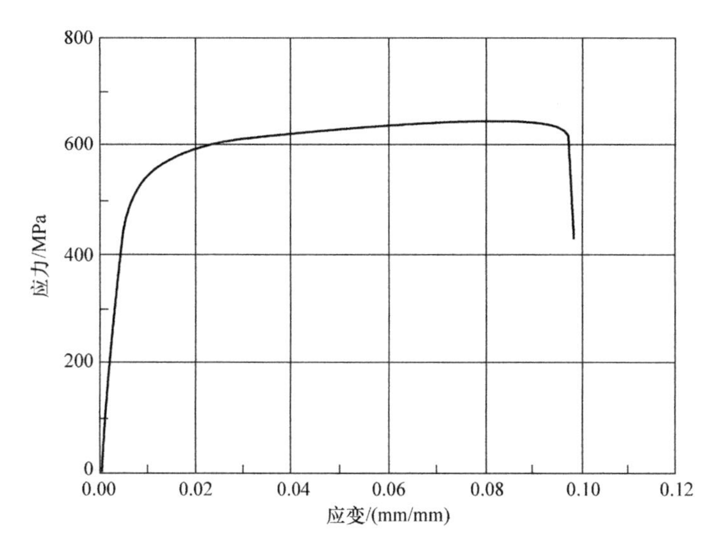

图 4-3　ZTA15 合金 400℃下应力－应变曲线

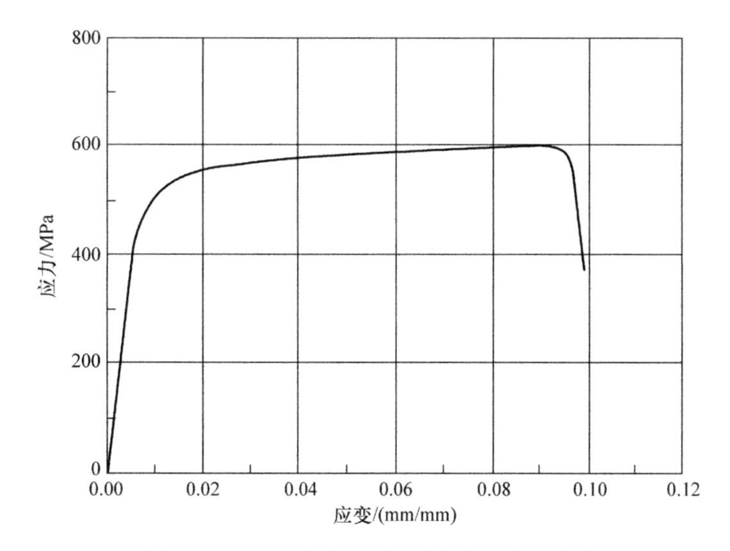

图 4-4　ZTA15 合金 500℃下应力－应变曲线

（3）拉伸性能

1）ZTA15 合金的室温拉伸性能统计值见表 4-7。

表 4-7　ZTA15 合金的室温拉伸性能统计值

技术标准	GJB 2896A—2020、Q/6S 1734—2000
品种	单铸或附铸试棒
状态	热等静压

（续）

项目名称	标准规定值	平均值	最小值	最大值	测试次数
抗拉强度 R_m/MPa	885	942.4	895	976	35
条件屈服强度 $R_{p0.2}$/MPa	784	850.3	803	874	35
断后伸长率 A（%）	5	10.03	5.6	14	35
断面收缩率 Z（%）	12	20.68	12.9	31.2	35

2）ZTA15 合金和 BT20Л 合金在各种温度下的拉伸性能见表 4-8、表 4-9、图 4-5和图 4-6。

表 4-8　ZTA15 合金在各种温度下的拉伸性能

品种	状态	温度 θ/℃	弹性模量 E/GPa	抗拉强度 R_m/MPa	条件屈服强度 $R_{p0.2}$/MPa	断后伸长率 A（%）	断面收缩率 Z（%）	冲击韧度 a_K/(J/cm²)	规定塑性延伸强度 $R_{p0.01}$/MPa	抗弯强度 σ_{bb}/MPa
试棒	热等静压	20	114	947	856	10.6	18.3	42.5	666	1.531
		100	—	856	744	14.4	22.5	—	—	—
		200	—	760	625	15.3	28.3	—	—	—
		300	—	677	528	15.6	31.5	—	—	—
		350	86.7	667	515	14.2	30.2	68.0	366	1.484
		400	—	623	487	15.1	34.4	—	—	—
		500	—	606	484	18.4	35.7	—	—	—
		600	—	482	418	15.8	27.7	—	—	—
		700	—	380	297	11.4	14.6	—	—	—
		800	—	197	—	39.3	—	—	—	—

表 4-9　ZTA15 合金与 BT20Л 合金在各种温度下的拉伸性能的比较

温度 θ/℃	材料	状态	抗拉强度 R_m/MPa	条件屈服强度 $R_{p0.2}$/MPa	断后伸长率 A(%)	断面收缩率 Z(%)
20	ZTA15	热等静压	947	855	10.6	18.3
	BT20Л	铸态	931	833	8	20
200	ZTA15	热等静压	759	625	15.3	28.3
	BT20Л	铸态	755	—	8	20
300	ZTA15	热等静压	677	528	15.6	31.5
	BT20Л	铸态	657	—	10	30
350	ZTA15	热等静压	667	515	14.2	30.2
	BT20Л	铸态	617	480	10	34

（续）

温度 θ/℃	材料	状态	抗拉强度 R_m/MPa	条件屈服强度 $R_{p0.2}$/MPa	断后伸长率 A(%)	断面收缩率 Z(%)
400	ZTA15	热等静压	623	487	15.1	34.4
	BT20Л	铸态	598	—	10	35
500	ZTA15	热等静压	606	484	18.4	35.7
	BT20Л	铸态	549	431	12	35

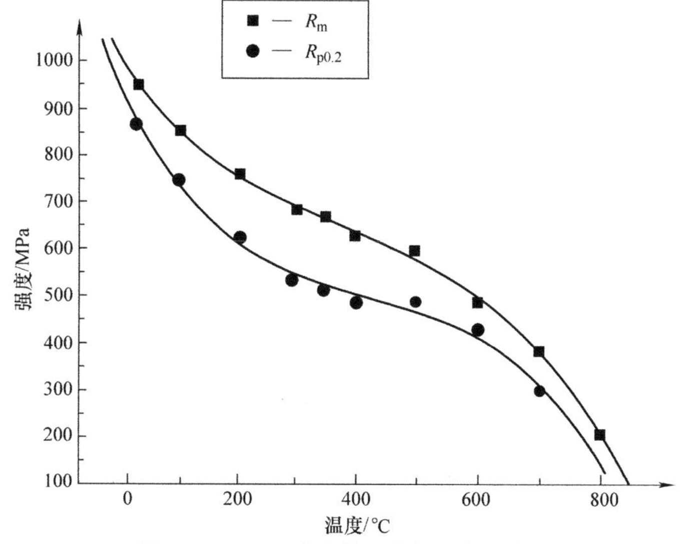

图 4-5 ZTA15 合金的强度与温度的关系

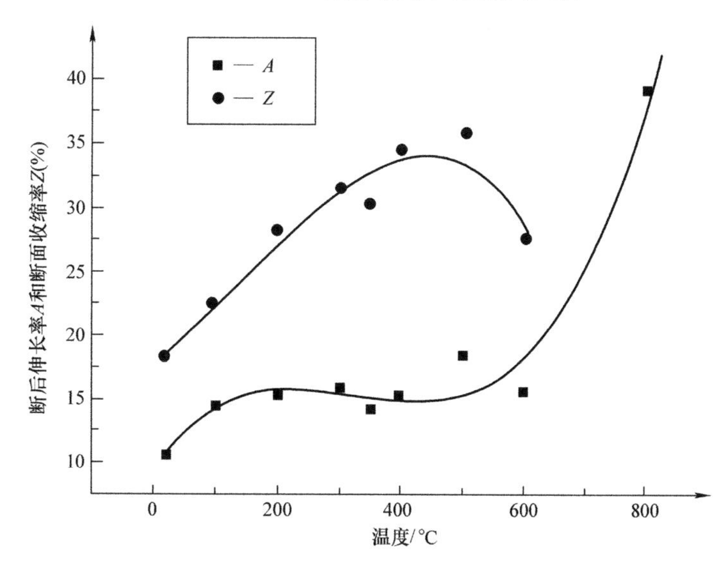

图 4-6 ZTA15 合金的塑性与温度的关系

（4）冲击性能　ZTA15 合金与 BT20Л 合金的冲击韧度见表 4-10。

表 4-10　ZTA15 合金与 BT20Л 合金的冲击韧度

合金	品种	状态	温度 θ/℃	冲击韧度 a_K/(J/cm^2)
ZTA15	试棒	热等静压	室温	42.5
			350	68.0
BT20Л	铸件	铸态	室温	49.2

（5）应力集中　ZTA15 合金缺口抗拉强度及缺口敏感系数，见表 4-11。

表 4-11　ZTA15 合金缺口抗拉强度及缺口敏感系数

品种	状态	温度 θ/℃	理论应力集中系数 K_t	缺口抗拉强度 R_{mH}/MPa	抗拉强度 R_m/MPa	敏感系数 R_{mH}/R_m
试棒	热等静压	20	—	1449	949	1.531
		350	—	991	667	1.484

（6）热稳定性

1）ZTA15 合金试样热暴露后的室温拉伸性能见表 4-12。

表 4-12　ZTA15 合金试样热暴露后的室温拉伸性能

品种	状态	热暴露条件		抗拉强度 R_m/MPa	条件屈服强度 $R_{p0.2}$/MPa	断后伸长率 A(%)	断面收缩率 Z(%)
		温度 θ/℃	时间 t/h				
试棒	热等静压	未暴露		947	856	10.6	18.34
		300	100	945	849	11.2	20.3
			500	961	862	10.5	23.0

2）BT20Л 合金试样热暴露后的室温拉伸性能，见表 4-13。

表 4-13　BT20Л 合金试样热暴露后的室温拉伸性能

品种	状态	热暴露条件		抗拉强度 R_m/MPa	断后伸长率 A(%)	断面收缩率 Z(%)
		温度 θ/℃	时间 t/h			
铸件	铸态	未暴露		960.4	8	17
		300	100	950.6	7	17
			500	950.6	8	19
			1000	950.6	10	20
			2000	950.6	7	17
			5000	950.6	4	19

（续）

品种	状态	热暴露条件		抗拉强度 R_m/MPa	断后伸长率 A(%)	断面收缩率 Z(%)
		温度 θ/℃	时间 t/h			
铸件	铸态	450	100	950.6	7	17
			500	950.6	8	19
			1000	960.4	7	18
			2000	970.2	6	17
			5000	960.4	5	17
		500	100	980	7	17
			500	970.2	7	16
			1000	980	6	14
			2000	970.2	5	12
			5000	980	4	10

（7）持久和蠕变性能

1）ZTA15合金与BT20Л合金的高温持久强度见表4-14。

表4-14 ZTA15合金与BT20Л合金的高温持久强度

合金	品种	状态	温度 θ/℃	持久强度 σ_{100}/MPa	持久强度 σ_{500}/MPa
ZTA15	试棒	热等静压	350	645	645
			500	430	—
BT20Л	铸件	铸态	350	588	558.6
			500	420.4	423.4

2）ZTA15合金与BT20Л合金的高温蠕变强度见表4-15。

表4-15 ZTA15合金与BT20Л合金的高温蠕变强度

合金	品种	状态	温度 θ/℃	蠕变强度 $\sigma_{0.2/100}$/MPa
ZTA15	试棒	热等静压	350	470
BT20Л	铸件	铸态	350	441
			500	156.8

（8）高周疲劳性能 ZTA15合金与BT20Л合金光滑试样室温轴向加载疲劳极限见表4-16，图4-7为ZTA15合金光滑试样（$K_t=1$）室温轴向加载疲劳 $\sigma-N$ 曲线。

表 4-16　ZTA15 合金与 BT20Л 合金光滑试样室温轴向加载疲劳极限

合金	品种	状态	理论应力集中系数 K_t	应力比 R	试验频率 f/Hz	循环次数 N/周次	疲劳极限 σ_D/MPa
ZTA15	试棒	热等静压	1	0.1	120	10^7	480
BT20Л	铸件	铸态	—	—	—	10^7	196～215.6

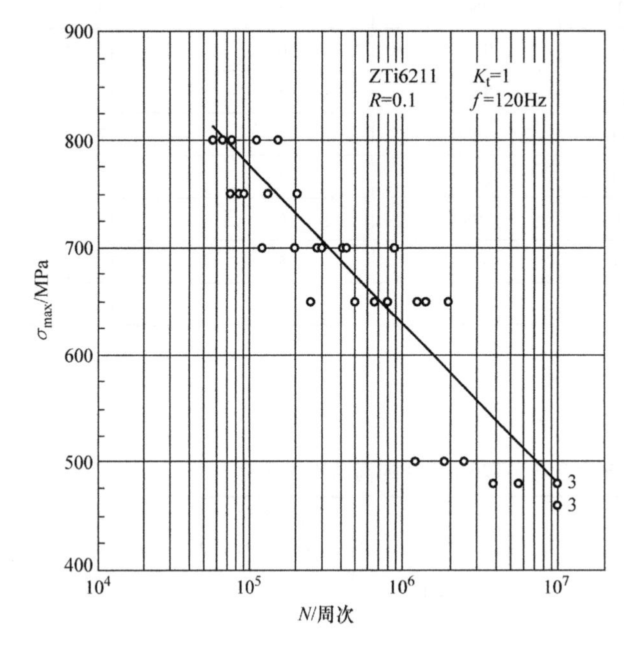

图 4-7　ZTA15 合金光滑试样（K_t＝1）室温轴向加载疲劳 $\sigma-N$ 曲线

（9）弹性性能

1）弹性模量见表 4-17。

表 4-17　ZTA15 合金的弹性模量

品种	状态	温度 θ/℃	弹性模量 E/GPa
试棒	热等静压	20	114
		350	86.7

2）室温剪切弹性模量为 G＝45.9GPa。

3）室温泊松比为 μ＝0.292。

（10）断裂性能

1）ZTA15 合金的室温断裂韧度见表 4-18。

表 4-18　ZTA15 合金的室温断裂韧度

品种	试样编号	试样规格 /mm	状态	试样类型和尺寸			断裂韧度
				试样类型	厚度 B /mm	宽度 W/mm	K_{IC}/MPa · $m^{\frac{1}{2}}$
试棒	1－1	44×107	热等静压	CT	40.36	80.0	126.24
	1－2						133.29
	1－6						132.29

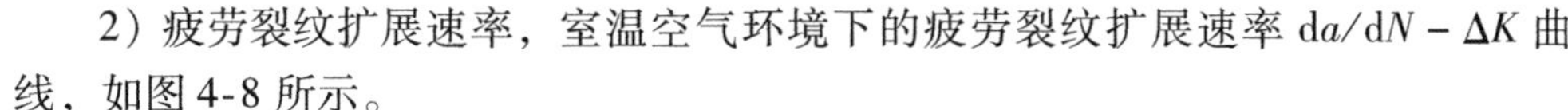

2）疲劳裂纹扩展速率，室温空气环境下的疲劳裂纹扩展速率 $da/dN - \Delta K$ 曲线，如图 4-8 所示。

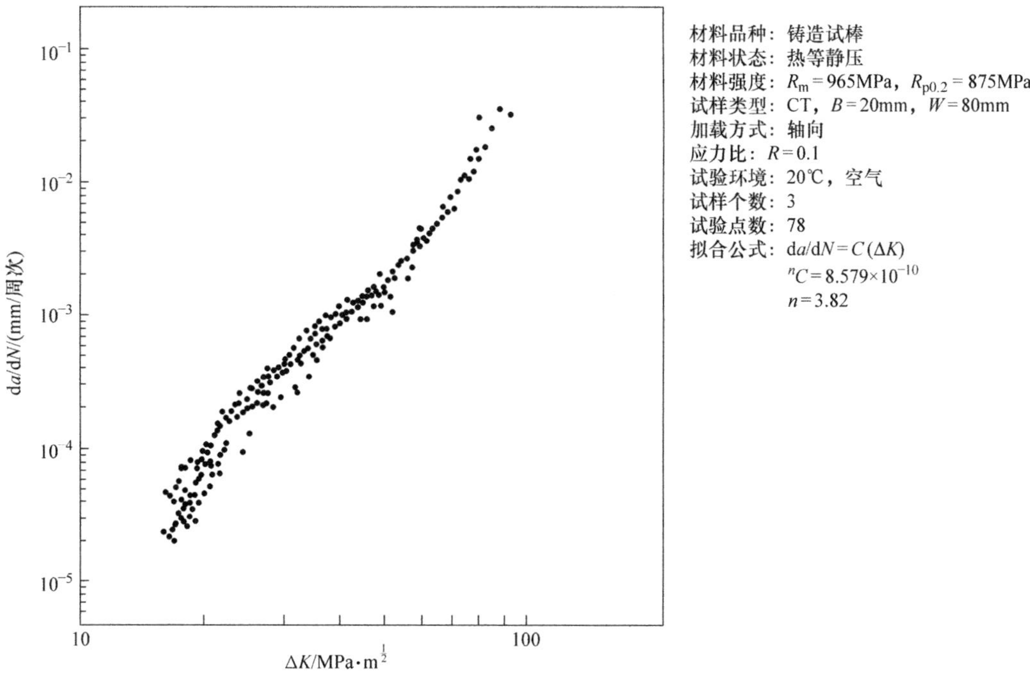

图 4-8　ZTA15 合金试样室温空气环境 $da/dN - \Delta K$ 曲线

4.6　相变温度与组织结构

ZTA15 合金在铸态下的典型组织为魏氏组织和网篮状组织（见图 4-9），经热等静压后的组织会发生变化，片状 α 组织变短变粗，局部区域可能变成等轴 α 组织（见图 4-10）。

图 4-9　ZTA15 合金铸态组织（×500）

图 4-10　ZTA15 合金热等静压后的网篮状组织（×500）

4.7　工艺性能

1. 成形性能

ZTA15 合金与 ZTC4 合金一样，具有较窄的凝固温度范围和较好的流动性（见表 4-19），可以浇注形状复杂的薄壁件。但由于采用真空自耗电极电弧凝壳炉熔炼，金属液的过热度低，其补缩能力不如铸钢，因此需采用较大的浇冒系统，若遇到很复杂而薄壁难以成形的结构件，通常应采用离心铸造。

表 4-19　ZTA15 合金的凝固温度范围和流动性

熔炼方法	铸造方法	温度 θ/℃		冷却条件	流动性/mm	线收缩率（%）
		熔化	浇注			
真空自耗电极电弧凝壳炉熔炼	离心铸造	1620（液相线） 1560（固相线）	1800～2000	真空中	480①	1.05

① 采用截面积为 0.75cm^2 的三角形螺旋形石墨铸型测定。

2. 焊接性能

ZTA15 合金补焊采用的是钨极氩弧焊，在严格控制补焊工艺的相同条件下，其焊接性要优于 ZTC4 合金（见表 4-20）。

表 4-20 ZTA15 合金与 ZTC4 合金焊接性能的比较

合金	品种	状态	试验温度 θ/℃	室温力学性能				高温力学性能			
				抗拉强度 R_m/MPa	条件屈服强度 $R_{p0.2}$/MPa	断后伸长率 A（%）	断面收缩率 Z（%）	抗拉强度 R_m/MPa	条件屈服强度 $R_{p0.2}$/MPa	断后伸长率 A（%）	断面收缩率 Z（%）
ZTA15	试棒	铸态	室温	998	900	6.7	16.9	—	—	—	—
		退火		1000	919	8.4	14.7	—	—	—	—
		热等静压		970	879	8.15	14.6	—	—	—	—
		铸态→补焊		1016	962	4.6	14.9	—	—	—	—
		热等静压→补焊→退火		969	896	6.6	14.8	—	—	—	—
		退火→补焊（一侧）→热等静压		976	887	8.6	19.2	—	—	—	—
ZTC4	铸件	退火		936	—	9.2	—	—	—	—	—
		焊接→退火		909	—	6.4	—	—	—	—	—
ZTA15		退火	350	—	—	—	—	655	528	9.7	23.7
		热等静压		—	—	—	—	643	509	14.2	30.9
		热等静压→补焊→退火		—	—	—	—	648	523	11.4	30.3
		退火→补焊（一侧）→热等静压		—	—	—	—	645	522	10.5	29.8
ZTC4	铸件	退火→焊接→退火		—	—	—	—	559 570	—	—	—
ZTA15		退火	500	—	—	—	—	595	500	10.3	28.0
		热等静压		—	—	—	—	582	471	16.1	37.3
		热等静压→补焊→退火		—	—	—	—	580	479	12.4	35.8
		退火→补焊（一侧）→热等静压		—	—	—	—	586	522	12.9	37.5

3. 热处理工艺性能

航空航天工业用的 ZTA15 合金的Ⅰ、Ⅱ类铸件通常应经热等静压后方可使用。

其目的是消除铸件中的缩孔、气孔和缩松等缺陷，以提高铸件的可靠性和疲劳性能。热等静压后铸件的强度要比铸态或退火状态稍低些，但它的综合性能提高了。ZTA15 合金铸件的热等静压处理规范见 4.3 节。一般用途的铸件只需采用去应力退火或退火，其工艺见 4.3 节。表 4-21 所列为不同退火工艺的 ZTA15 合金的室温力学性能。表 4-22 为不同热等静压工艺的 BT20Л 合金的室温力学性能。

表 4-21　不同退火工艺的 ZTA15 合金的室温力学性能

品种	退火工艺	抗拉强度 R_m/MPa	条件屈服强度 $R_{p0.2}$/MPa	断后伸长率 A（%）	断面收缩率 Z（%）
试样	于 650℃保温 1h，空冷	943.9	856.3	10.4	19.7
	于 730℃保温 1h，空冷	939.0	845.0	9.2	17.4
	于 780℃保温 1h，空冷	930.0	852.5	8.3	13.2

表 4-22　不同热等静压工艺的 BT20Л 合金的室温力学性能

状态	抗拉强度 R_m/MPa	条件屈服强度 $R_{p0.2}$/MPa	断后伸长率 A（%）	断面收缩率 Z（%）
铸态	954	824	9.9	20.9
热等静压（890℃，140MPa，保温 0.25h）	964	861	10.1	22.3
热等静压（900℃，140MPa，保温 0.25h）	949	844	11.5	23.8
热等静压（900 ℃，140MPa，保温 2h）	955	846	10.2	24.3
热等静压（950 ℃，100MPa，保温 0.25h）	913	817	14.2	30.5
热等静压（980 ℃，140MPa，保温 2h）	904	794	11.4	26.5

4.8　功能考核试验

（1）航空发动机上长试考核　ZTA15 合金铸件经过航空发动机上 360h 长试考核，未出现任何异常问题，已批量生产提供装机使用。

（2）导弹上应用考核　ZTA15 合金铸件已铸成导弹构成部件，经过实际试验应用考核完全满足使用要求，已批量投产提供装弹使用。

4.9　选材及应用

1. 应用概况与特殊要求

（1）应用概况　该合金已被广泛应用于制造航空发动机和飞机以及导弹上的各种静止结构件，如壳体、支架、支座、转接座、吊耳、衬套、叶轮及框架等，其长时间工作温度可达 500℃。在俄罗斯的航空、航天工业中已广泛应用该合金。建议选用 ZTA15 合金制造航空、航天和其他重要装备工装的各种异形结构件。

（2）特殊要求　ZTA15 合金对氧含量的变化比较敏感，氧含量的变化将对该合金的工艺性能和力学性能产生比较大的影响，如氧的含量（质量分数，后同）为 0.05% ~0.10% 时，ZTA15 合金（BT20Л）的液态流动性为 535mm；当氧的含量提高到 0.15% ~0.17% 时，其液态流动性就降低到 510mm；当氧含量进一步增大到 0.3% 时，其液态流动性只有 465mm 了。同时氧含量的变化对 ZTA15 合金力学性能的影响也很大。表 4-23 和图 4-11、图 4-12 所示为氧含量对 ZTA15 合金（BT20Л）力学性能的影响。此外氧的含量还影响 ZTA15 合金（BT20Л）的多晶转变温度（见表 4-24）。为获得具有良好的综合力学性能的 ZTA15 合金铸件，在制备母合金铸锭时，一定要注意将氧的含量控制在 0.11% ~0.16% 范围内，最好是在 0.12% ~0.15% 范围内。

表 4-23　氧含量对 ZTA15（BT20Л）合金力学性能的影响

序号	氧含量（质量分数，%）	试样状态	抗拉强度 R_m/MPa	断后伸长率 A（%）	断面收缩率 Z（%）	断裂韧度 K_{IC}/MPa · $m^{\frac{1}{2}}$
1	0.05	铸态	838	7.3	17.7	126
2	0.10		886	7.7	18.3	124
3	0.15		922	6.7	16.5	121
4	0.17		936	6.3	15.4	116
5	0.20		948	6.2	15.1	114
6	0.25		990	6.0	14.7	102

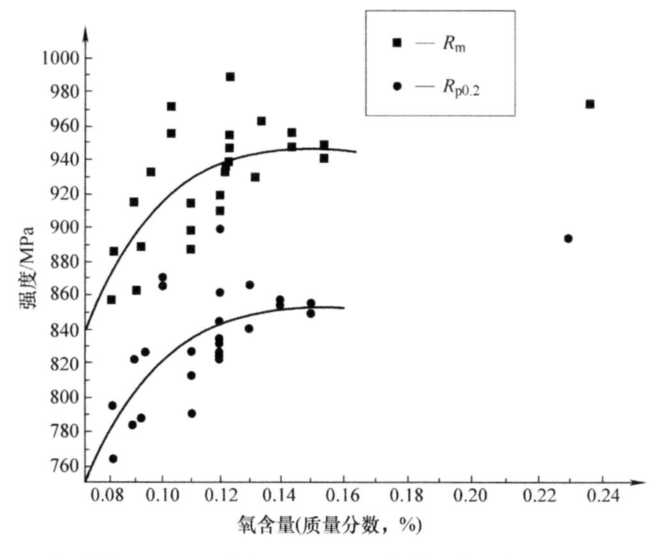

图 4-11　氧含量对 ZTA15 合金（BT20Л）抗拉强度及条件屈服强度的影响

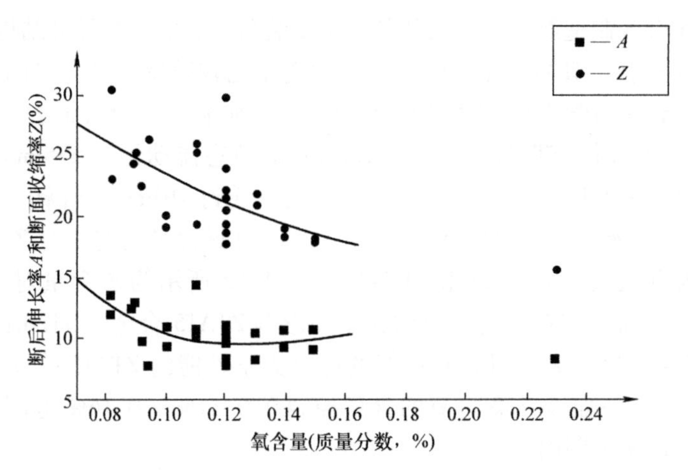

图 4-12　氧含量对 ZTA15 合金（BT20Л）断后伸长率 *A* 和断面收缩率 *Z* 的影响

表 4-24　氧含量对 ZTA15 合金（BT20Л）多晶转变温度的影响

氧含量（质量分数,%）	0. 10	0. 15	0. 20	0. 30
多晶转变温度/℃	980	995	1010	1020

2. 品种规格与供应状态

根据用户要求和构件的工作特性，以铸态、退火状态或热等静压状态的不同品种和规格的机加工石墨型铸件、捣实石墨（砂）型铸件或熔模精铸件供应。

ZTC3合金

5.1 概述

ZTC3 合金是我国自行研制的一种含有共析元素 Si 和稀土元素 Ce 的 Ti－Al－Mo 系 α－β 型两相铸造钛合金，它除了依靠传统的固溶强化外，还增加了析出难熔的稳定化合物质点强化，从而使该合金具有良好的综合性能：较高的室温强度、良好的铸造工艺性能（流动性和充填性），且在 500℃以下有优良的热强性能（高温强度、蠕变抗力、良好的热稳定性）。该合金可在 500℃温度下长期工作。

目前已使用该合金铸造了大量的航空发动机压气机机匣，经过试验考核和长期的使用证明，用该合金铸造的机匣质量稳定，性能良好、可靠。该合金除了用于制造机匣外，也可用于制造其他的结构件，如支架、壳体、安装座等。根据结构件的工作特性要求，该合金铸造的铸件通常在退火或热等静压状态下使用。

5.2 材料牌号与技术标准

1）ZTC3 为材料代号，其相应的牌号是 ZTiAl5Mo5Sn2Si0.25Ce0.025。

2）相关的技术标准有：GJB 2896A—2020《钛及钛合金熔模精密铸件规范》、HB 5448—2012《钛及钛合金熔模精密铸件规范》、Q/6S 448—1985《航空用 ZTC3 铸造钛合金》、Q/6S 449—1985《ZTC3 铸造钛合金压气机匣铸件》、Q/12BY 2237—1998《航空发动机用 ZTC3 铸造钛合金第四、五、六、七级压气机机匣铸件技术条件》。

3）GJB 2896A—2020、HB 5448—2012、Q/6S 448—1985、Q/6S 449—1985 和 Q/12BY 2237—1998 规定了 ZTC3 合金的化学成分，见表 5-1。

表 5-1 ZTC3 合金的化学成分（质量分数） （%）

<table>
<tr><th colspan="6">合金元素</th><th colspan="7">杂质 ≤</th></tr>
<tr><th rowspan="2">Al</th><th rowspan="2">Mo</th><th rowspan="2">Sn</th><th rowspan="2">Si</th><th rowspan="2">Ce</th><th rowspan="2">Ti</th><th rowspan="2">Fe</th><th rowspan="2">C</th><th rowspan="2">N</th><th rowspan="2">H</th><th rowspan="2">O</th><th colspan="2">其他元素①</th></tr>
<tr><th>单个</th><th>总和</th></tr>
<tr><td>4.5 ~ 5.5</td><td>4.5 ~ 5.5</td><td>1.5 ~ 2.5</td><td>0.20 ~ 0.35</td><td>0.015 ~ 0.030</td><td>余量</td><td>0.20</td><td>0.10</td><td>0.05</td><td>0.0125</td><td>0.18</td><td>0.10</td><td>0.30</td></tr>
</table>

① 产品出厂时供方可不检验其他元素，用户要求并在合同中注明时可予以检验。

5.3 熔炼铸造与热处理

1. 熔炼与铸造工艺

（1）熔炼工艺 根据铸件的用途和质量要求，采用在真空自耗电极电弧炉中经一次或两次熔炼而成的母合金铸锭，或在真空自耗电极电弧炉中经两次熔炼而成的大铸锭，以经开坯锻造去除表面氧化皮的棒料作为母合金电极，然后在真空自耗电极电弧凝壳炉中重熔铸造。

（2）铸造工艺 以上述的母合金锭或棒料作自耗电极，在真空自耗电极电弧凝壳炉中重熔。根据浇注铸件的形状和尺寸以及重量，采用重力（静力）浇注或离心浇注。如果遇到复杂而薄壁难以成形的铸件，可以采用离心浇注。浇注铸型根据铸件的形状、尺寸和重量以及所需数量可选用熔模精铸型壳、捣实石墨（砂）型或机加工石墨型等作为铸型。

2. 热处理工艺

（1）去应力退火 于650℃保温1～3h，空冷或炉冷。

（2）热等静压 在100～140MPa氩气压力中，于920℃±10℃下保温3.0～3.5h，随炉冷却至300℃以下出炉。

5.4 物理性能与化学性能

1. 物理性能

（1）热性能

1）ZTC3 合金的熔点约为1700℃。

2）ZTC3 合金的热导率见表 5-2。

表 5-2 ZTC3 合金的热导率

温度 θ/℃	94	112	197	292	390	474	588	650
热导率 λ/[W/(m·℃)]	8.4	9.2	9.6	10.9	12.6	14.2	15.9	17.2

3）ZTC3 合金的比热容见表 5-3。

表 5-3 ZTC3 合金的比热容

温度 θ/℃	100	300	500	800
比热容 c/[J/(kg·℃)]	100	300	500	800

4）ZTC3 合金的线胀系数见表 5-4。

表 5-4 ZTC3 合金的线胀系数

温度 θ/℃	20～100	20～200	20～300	20～400	20～500	20～600	20～700	20～800	20～900	20～1000
线胀系数 α_l/(10^{-6}/℃)	9.1	9.4	9.4	9.5	9.6	9.7	9.9	10.1	10.5	10.8

（2）电性能　ZTC3 合金的电阻率见表 5-5。

表 5-5 ZTC3 合金的电阻率

温度 θ/℃	94	112	197	292	390	474	588	650
电阻率 ρ/μΩ·m	1.62	1.64	1.67	1.69	1.71	1.72	1.73	1.73

（3）密度　ZTC3 合金的密度为 4.60g/cm^3。

（4）磁性能　ZTC3 合金无磁性。

2. 化学性能

（1）抗氧化性能　ZTC3 合金的氧化开始温度高于 ZTC4 合金。

（2）耐蚀性　ZTC3 合金的耐蚀性与 ZTC4 合金相当。

5.5 力学性能

1. 技术标准规定的力学性能

ZTC3 合金技术标准规定的力学性能见表 5-6。

表 5-6 ZTC3 合金技术标准规定的力学性能

技术标准	品种	状态	取样方式	室温			
				抗拉强度 R_m /MPa	条件屈服强度 $R_{p0.2}$/MPa	断后伸长率 A（%）	断面收缩率 Z（%）
GJB 2896A—2020	精密铸件	退火或热等静压①	附铸试样②	≥930	≥835	≥4	≥8
HB 5448—2012				≥930	≥835	≥4	≥8
Q/6S 448—1985	铸件	退火	试样	≥930	≥835	≥4	≥8
Q/6S 449—1985	机匣铸件	退火	铸件	≥930	≥835	≥4	≥8
Q/12BY 2237—1998	机匣铸件	真空退火	铸件	≥932	≥834	≥4	≥8

（续）

技术标准	室温		500℃			
	冲击韧度 a_K/（J/cm²）	硬度 HBW	抗拉强度 R_m/MPa	断后伸长率 A（%）	断面收缩率 Z（%）	持久强度 σ_{100}/MPa
GJB 2896A—2020	—	—	≥570	—	—	≥520
HB 5448—2012	—	—	—	—	—	—
Q/6S 448—1985	≥19.5	≤345	≥590	≥4	≥8	≥540
Q/6S 449—1985	≥17.5	≤345	≥570	≥4	≥8	≥520
Q/12BY 2237—1998	≥17.7	255～345	≥588	≥4	≥10	≥540

① 航空航天工业用Ⅰ、Ⅱ类铸件必须经过热等静压。

② 从铸件上切取试样的室温力学性能允许比附铸试样的性能低5%。

2. 各种条件下的力学性能

（1）室温硬度　ZTC3合金的室温硬度见表5-7。

表5-7　ZTC3合金的室温硬度

品种	状态	硬度 HBW
机加工石墨梅花型试棒	退火	316
机匣铸件		316

（2）拉伸性能

1）ZTC3合金航空发动机机匣铸件的拉伸性能统计值见表5-8。

表5-8　ZTC3合金航空发动机机匣铸件的拉伸性能统计值

技术标准			Q/12BY 2237—1998					
品种			机匣铸件					
状态			真空双重退火					
温度 θ/℃	取样方向	拉伸性能	标准规定值	平均值	标准差 S	离散系数 C_v	测试次数	炉批数
20	L	抗拉强度 R_m/MPa	932	1014	14.1	0.014	30	10
		条件屈服强度 $R_{p0.2}$/MPa	834	904	19.0	0.021	30	10
		断后伸长率 A（%）	4	10.4	1.55	0.149	30	10
		断面收缩率 Z（%）	8	20.7	3.81	0.184	30	10

（续）

温度 θ/℃	取样方向	拉伸性能	标准规定值	平均值	标准差 S	离散系数 C_v	测试次数	炉批数
500	L	抗拉强度 R_m/MPa	588	696	17.3	0.025	30	10
		断后伸长率 A（%）	4	11.1	1.13	0.102	30	10
		断面收缩率 Z（%）	10	26.5	4.20	0.158	30	10

2）ZTC3 合金各种温度下的拉伸性能见表 5-9。

表 5-9 ZTC3 合金各种温度下的拉伸性能

品种	状态	温度 θ /℃	抗拉强度 R_m	规定塑性延伸强度 $R_{p0.1}$	规定塑性延伸强度 $R_{p0.01}$	断后伸长率 A	断面收缩率 Z
			MPa			%	
机加工石墨梅花型试棒	退火	20	1024	889	775	7.8	12.6
		300	785	618	481	5.9	12.5
		400	750	587	452	5.8	14.6
		450	719	580	431	5.1	17.6
		500	685	553	405	5.8	19.6
		550	647	510	367	6.7	23.6
机匣铸件		20	1133	932	796	8.0	11.9
		300	776	623	506	7.9	14.4
		400	724	580	471	8.1	15.0
		450	714	572	456	8.0	13.3
		500	686	565	457	6.1	13.2
		550	666	547	424	11.6	26.5

（3）冲击韧度 ZTC3 合金室温冲击韧度见表 5-10。

表 5-10 ZTC3 合金室温冲击韧度

品种	状态	冲击韧度 a_K/(J/cm^2)
机加工石墨梅花型试棒	退火	27.5
机匣铸件		28.2

（4）扭转性能　ZTC3 合金试棒的扭转性能见表 5-11。

表 5-11　ZTC3 合金试棒的扭转性能

品种	状态	温度 θ/℃	抗扭强度 τ_m	规定塑性扭转强度 $\tau_{P0.3}$	规定塑性扭转强度 $\tau_{P0.01}$
			MPa		
机加工石墨梅花型试棒	退火	20	834	614	534
		450	605	342	342

（5）应力集中

1）ZTC3 合金室温缺口抗拉强度及缺口敏感系数见表 5-12。

表 5-12　ZTC3 合金室温缺口抗拉强度及缺口敏感系数

品种	状态	理论应力集中系数 K_t	缺口抗拉强度 R_{mH}/MPa	缺口敏感系数 R_{mH}/R_m
机加工石墨梅花型试棒	退火	2.1	1490	1.49
		3.1	1470	1.47
		3.8	1470	1.47
		5.0	1460	1.46

2）ZTC3 合金室温缺口试样偏斜拉伸性能下降率见表 5-13。

表 5-13　ZTC3 合金室温缺口试样偏斜拉伸性能下降率

品种	状态	理论应力集中系数 K_t	偏斜角/(°)	缺口抗拉强度 R_{mH}/MPa	下降率 η（%）
机加工石墨梅花型试棒	退火	4.6	0	1380	—
			4	873	36.7
			8	563	59.2

3）ZTC3 合金试样热暴露后的室温拉伸性能见表 5-14。

表 5-14　ZTC3 合金试样热暴露后的室温拉伸性能

品种	状态	热暴露条件		抗拉强度 R_m/MPa	断后伸长率 A（%）	断面收缩率 Z（%）
		温度 θ/℃	时间 t/h			
机加工石墨梅花型试棒	退火	未暴露		1002	11.2	21.4
		500	1000	1000	10.6	21.2
			2000	1019	10.4	16.2
机匣铸件	退火	未暴露		1004	11.1	21.0
		500	500	982	10.6	17.0
			1000	1000	10.6	21.1
			2000	1022	10.6	17.7

（6）持久和蠕变性能

1）ZTC3 合金的高温持久性能见表 5-15。

表 5-15　ZTC3 合金的高温持久性能

品种	状态	温度 θ/℃	持久强度 σ_{100}/MPa	持久强度 σ_{200}/MPa	持久强度 σ_{300}/MPa
机加工石墨梅花型试棒	退火	400	696	—	—
		450	686	—	—
		500	588	—	—
		550	412	—	—
		600	226	—	—
机匣铸件	退火	400	686	—	—
		450	647	—	—
		500	588	569	549
		550	402	—	—

2）ZTC3 合金高温蠕变性能见表 5-16。

表 5-16　ZTC3 合金高温蠕变性能

品种	状态	温度 θ/℃	蠕变性能 $\sigma_{0.2/100}$/MPa
机加工石墨梅花型试棒	退火	400	530
		450	431
		500	294
机匣铸件	退火	450	471
		500	294

（7）疲劳性能

1）ZTC3 合金旋转弯曲疲劳极限（高周疲劳）见表 5-17。

表 5-17　ZTC3 合金旋转弯曲疲劳极限（高周疲劳）

品　种	状　态	温度 θ/℃	理论应力集中系数 K_t	应力比 R	循环次数 N/周次	疲劳极限 σ_D/MPa
机加工石墨梅花型试棒	退火	20	1	-1	2×10^7	196
		450				167

2）ZTC3 合金应力控制低周疲劳性能见表 5-18。

表 5-18　ZTC3 合金应力控制低周疲劳性能

品种	状态	温度 θ/℃	理论应力集中系数 K_t	应力比 R	试验频率 f/Hz	应力强度因子 K	最大应力 σ_{max}/MPa	循环次数 N/周次
机加工石墨梅花型试棒	退火	20	2.4	0.1	0.2	0.5	657	4585
					0.17	0.4	525	12096
					0.17	0.3	394	53066
		450	2.4	0.1	0.2	0.5	418	12069
						0.4	335	>80000
						0.3	248	>80000
机匣铸件	退火	20	2.4	0.1	0.2	0.5	642	11214
						0.4	413	22496
						0.3	385	>80000
		450	2.4	0.1	0.2	0.5	448	16685
						0.4	358	>80000
						0.3	269	>80000

（8）弹性性能

1）ZTC3 合金的弹性模量见表 5-19。

表 5-19　ZTC3 合金的弹性模量

品种	机加工石墨梅花型试棒							
状态	退火							
温度 θ/℃	20	200	300	400	450	500	550	600
弹性模量 E/GPa	120	114	110	101	98	94	94	91

2）ZTC3 合金的剪切弹性模量见表 5-20。

表 5-20　ZTC3 合金的剪切弹性模量

品种	状态	温度 θ/℃	剪切弹性模量 G/GPa
机加工石墨梅花型试棒	退火	20	45
		450	35

3）ZTC3 合金的室温泊松比：$\mu=0.25$。

5.6 组织结构

1. 相变温度

$\alpha+\beta \longleftrightarrow \beta$ 的转变温度为980℃ ±10℃。

2. 组织结构

ZTC3 合金为 α + β 型两相合金，它的铸态显微组织是由从高温 β 相转变过来的片状或针状 α 相和约16%的 β 相组成。其中片状或针状 α 在 β 晶界内呈网篮状排列，片状 α 沿 β 晶界析出（见图5-1），原始 β 晶界被保留下来。通过电镜观察可以发现，组织中有细小的 Ce_2O_3 质点，这是合金中的元素 Ce 与一部分氧化物形成的难熔的高硬度稳定化合物的质点（见图5-2），这种质点在合金高温蠕变时能够阻碍位错运动，从而产生强化效应。合金经650℃退火后的显微组织与铸态的显微组织差别不大，但随着退火温度的提高，β 相含量要增加，局部的片状或针状 α 相趋向于等轴化。合金经热等静压后显微组织要发生一定的变化，β 晶界变粗，片状 α 增厚，局部区域（如存在缺陷处）的片状 α 趋向于等轴化（见图5-3）。

图5-1 ZTC3 铸态显微组织（×500）

图5-2 ZTC3 电镜金相组织（×3700）

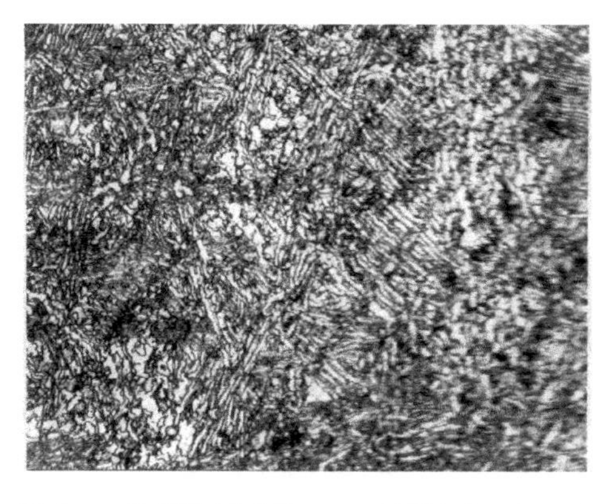

图5-3 热等静压后的 ZTC3 显微组织（×50）

5.7 工艺性能

1. 成形性能

ZTC3 合金铸造性能良好，无热裂倾向，可采用石墨型或熔模精铸型壳，根据铸件的形状、结构、尺寸和质量要求，用离心铸造法或重力铸造法铸造各种尺寸的异形铸件。

2. 焊接性能

ZTC3 的焊接性能不是十分理想。在氩弧焊箱中用钨极氩弧焊焊接的接头与补焊点的强度不低于基体。铸件在焊接与补焊后需要进行 650～750℃ 去应力退火。目前在应用中发现该合金精铸件补焊后易出现裂纹，原因不详，有待今后应用中研究解决。

3. 热处理工艺性能

根据铸件的质量要求，可采用 650～750℃ 非真空退火或真空退火，保温 1～3h，直接空冷或炉冷至 250℃ 以下再空冷。对于航空用的Ⅰ、Ⅱ类铸件必须进行热等静压，然后根据需要还可进行去应力退火。

4. 切削加工和磨削性能

ZTC3 合金的切削加工和磨削性能与 ZTC4 合金相同。

5.8 功能考核试验

该合金为高温钛合金，可用于铸造在 500℃ 以下长期工作的各种静止异形结构件。已用该合金铸造的航空发动机压气机机匣通过了 200h 以上的冷热台架试车考核，已成批生产了数百台航空发动机的压气机机匣（见图 5-4）并装机使用。经各种试验考核和近 20 年的正式应用，证明用该合金铸造的铸件性能良好、质量稳定、安全可靠。

图 5-4　无芯离心铸造的 ZTC3 合金机匣铸件

5.9　选材及应用

1. 应用概况与特殊要求

（1）应用概况　用 ZTC3 合金铸造的高压压气机机匣等零件已装机使用，批量生产了 10 多年。在 500℃以下工作的其他航空、航天用结构件也可用该合金铸造。建议选用 ZTC3 合金制造航空航天装备上的各种异形结构件。

（2）特殊要求

1）母合金氧含量的控制。母合金中氧的含量对合金的力学性能有较大影响，尤其是对塑性和焊接性能影响比较大，随着氧含量的提高，合金的塑性和焊接性变差。因此，在母合金制备和熔炼铸造过程中应十分注意控制氧的含量。

2）铸件供应状态的选择。一般铸件可以退火状态供应，而应用于航空、航天的Ⅰ、Ⅱ类铸件必须经过热等静压。

2. 品种规格与供应状态

根据铸件的工作特性或用户要求，以退火或热等静压状态的不同形状、尺寸的铸件供应。

第6章

ZTC4合金

6.1 概述

ZTC4 合金是一种中等强度的 α－β 型铸造钛合金，含有 6% α 稳定元素 Al 和 4% β 稳定元素 V，它具有良好的铸造性能、焊接性能及耐蚀性，是目前国内外应用最广泛的一种铸造钛合金。该合金通常在退火或热等静压状态下使用，可以在 350℃以下长期工作。该合金在 20 世纪 80 年代中期以前，被限制只能用于制造一些不太关键的中、小型静止结构件，如支架、框架、支座、壳体等。20 世纪 80 年代中期以后，随着钛合金铸造技术的发展与进步，以及热等静压技术在钛合金铸件中的成功应用，钛合金铸件的质量和可靠性获得了极大的提高与改善，铸造 Ti－6Al－4V 合金的性能与变形 Ti－6Al－4V 合金的性能已经十分接近，从而铸造 Ti－6Al－4V 合金开始比较多地应用于许多军用和民用飞机。近年来，该合金已被大量地应用于制造各种高性能高推重比涡轴风扇发动机的大型整体精铸薄壁机匣（见图 6-1），目前这类铸件最大直径超过 1500mm，最大质量超过 180kg，最小壁厚 1.5mm。目前导弹上的大量零部件也采用该合金铸造（见图 6-2）。一些转速不太

图 6-1　航空发动机 ZTC4 合金整体中介机匣

注：尺寸为 ϕ920mm×120mm，壁厚为 2.5mm。

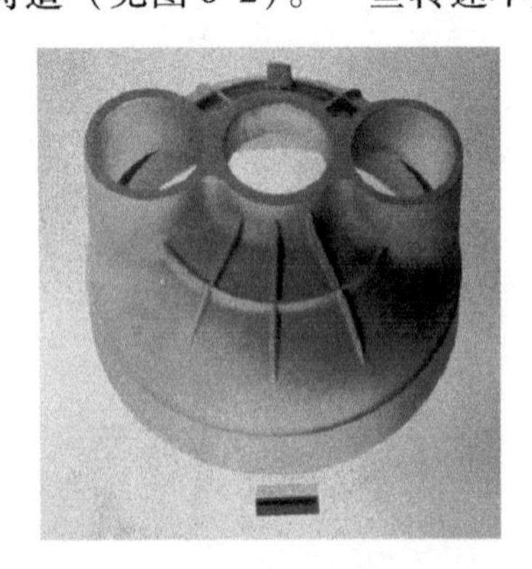

图 6-2　ZTC4 合金导弹后封头

注：尺寸为 ϕ350mm×160mm，壁厚为 3mm。

高的转动件，如增压器叶轮等，也开始用该合金制造。20世纪90年代初开始将该合金大量应用于制造体育器具，如高尔夫球头（见图6-3）。目前在工业上应用的各种钛合金铸件中，85%以上（化工用铸件除外）是用该合金制造的。

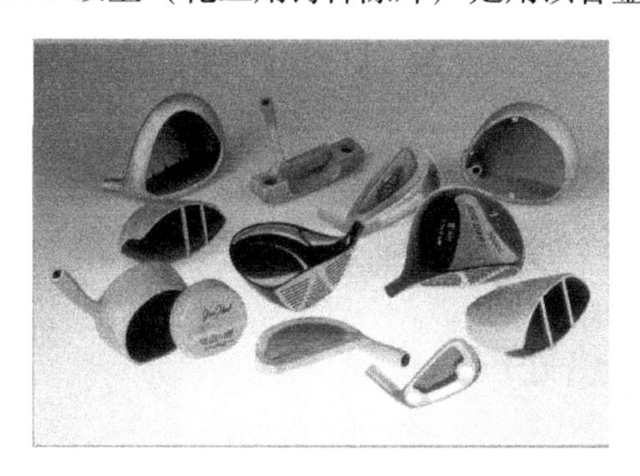

图6-3 ZTC4合金高尔夫球头

注：最小壁厚为1.25mm。

6.2 材料牌号与技术标准

1）ZTC4是合金代号，其相应的牌号是ZTiAl6V4。与ZTC4合金相近的国外牌号有Ti-6Al-4V（美国）、BT6Л（俄罗斯）、G-TiAl6V4（德国）。

2）相关的技术标准如下：GB/T 15073—2014《铸造钛及钛合金》、GB/T 6614—2014《钛及钛合金铸件》、GJB 2896A—2020《钛及钛合金熔模精密铸件规范》、HB 5447—1990《铸造钛合金》、HB 5448—2012《钛及钛合金熔模精密铸件规范》、GB/T 3620.2—2007《钛及钛合金加工产品化学成分允许偏差》、Q/12BY 2238—1998《航空发动机用ZTC4铸造钛合金第二、三级压气机机匣铸件技术条件》、SAE-AMS-T-81915A-2008《Titanium and Titanium-Alloy Castngs, Investment》、ASTM B367-2013《Standard Specification for Titanium and Titanium Alloy Castings》、SAE-AMS 4991C-2002《Titanium Alloy Castings, Investment 6Al 4V Hot Isostatic Pressed, Anneal Optional》、SAE-AMS 4985E-2014《Titanium Alloy, Investment Castings 6Al-4V 130UTS, 120YS, 6% EL Hot Isostatically Pressed, Anneal Optional Or When Specified》、SAE-AMS 4962A-2013《Titanium Alloy, Investment Castings 6Al-4V Hot Isostatically Pressed》、ТУ 1-92-184-91《Сплавы титановые литейные. Марки》、ОСТ 1 90060-92《Отливки фасонные из титановых сплавов. Технические требования》、DIN 29783—1983《航空与航天 钛及钛合金精密铸件技术规范》。

3）GB/T 15073—2014、GJB 2896A—2020、HB 5447—1990、HB 5448—2012和Q/12BY 2238—1998规定了ZTC4合金的化学成分，见表6-1。

表 6-1 ZTC4 合金的化学成分（质量分数） （%）

合金元素			杂质 ≤							
Al	V	Ti	Fe	Si	C	N	H	O	其他元素[②]	
									单个	总和
5.5～6.8[①]	3.5～4.5	余量	0.30[①]	0.15	0.10	0.05	0.015	0.20[①]	0.10	0.40

① GB/T 15073—2014 规定 w_{Al} = 5.5～6.75，w_{Fe} ≤0.40%，w_{O} ≤0.25%；HB 5447—1990 规定 w_{O} ≤0.15%。

② 产品出厂时供方可不检验其他元素，用户要求并在合同中注明时可予以检验。

6.3 熔炼铸造与热处理

1. 熔炼铸造工艺

（1）熔炼工艺　根据铸件的用途和质量要求，采用在真空自耗电极电弧炉中经一次或两次熔炼而成的母合金铸锭，或在真空自耗电极电弧炉中经两次熔炼而成的大铸锭，以经开坯锻造去除表面氧化皮的棒料作为母合金电极，然后在真空自耗电极电弧凝壳炉中重熔铸造。

（2）铸造工艺　用上述的母合金锭作自耗电极，在真空自耗电极电弧凝壳炉中重熔。根据浇注铸件的形状结构、尺寸、壁厚及重量，采用重力铸造或离心铸造。由于采用凝壳炉熔炼，钛合金金属液过热度低，补缩能力比铸钢差。若遇到很复杂或很薄（小于2mm）的铸件，采用重力铸造难以成形，则应采用离心铸造。这样有利于金属液充填型腔和铸件补缩，减少铸件缺陷，细化晶粒，改善性能。

由于钛是高化学活性金属，在熔融状态下要与目前常用的各种造型材料发生反应，致使铸件表面与氧、碳和氮等形成硬而脆的反应层（通常称为 α 粘污层），造成对合金力学性能不利的影响。因此，浇注钛及钛合金必须采用对熔融钛是惰性的特种铸型。目前铸钛工业生产中采用的铸型有机加工石墨型、捣实（砂）型、氧化物面层熔模陶瓷型壳等，其中应用范围最广、最有发展前途的是氧化物面层熔模陶瓷型壳。在上述不同铸型中浇注的铸件和试棒的力学性能没有呈现出显著差异，但各自的表面粘污层是有差异的，其中机加工石墨型铸件的表面粘污层最小，捣实型和熔模精铸陶瓷型壳铸件的表面粘污层比较厚，约为 0.05～0.15mm，这层表面粘污层通过铸件精整、吹砂、酸洗等即可全部去除。

2. 热处理工艺

（1）去应力退火　于 600～650℃保温 1～3h，空冷或炉冷。

（2）退火　于 700～800℃保温 1～3h，空冷或炉冷。

（3）热等静压　在 100～140MPa 氩气压力中，于 920℃ ±10℃保温 2～2.5h，随炉冷却至 300℃以下出炉。

（4）特殊热处理

1）要求调整铸件的组织结构，提高其结构和组织稳定性的铸件，如人造卫星相机镜头框架铸件，可采用真空双重退火，其工艺见表6-2。

表6-2 ZTC4合金真空双重退火工艺

次数	真空度/Pa	退火温度/℃	保温时间/h	冷却方式
第一次	$1.33\times10^{-2}\sim1.33\times10^{-3}$	900±15	2	随炉冷却至100℃后出炉
第二次	$1.33\times10^{-2}\sim1.33\times10^{-3}$	700±15	2	随炉冷却至100℃后出炉

2）要求强度高、疲劳性能好的铸件，可采用强化热处理（如ABST或BST）或氢处理，具体工艺可参考有关资料。

6.4 物理性能与化学性能

1. 物理性能

（1）热性能

1）熔化温度范围为1590℃±30℃。

2）ZTC4合金的热导率见表6-3。

表6-3 ZTC4合金的热导率

温度 θ/℃	100	200	300	400	500	600	700
热导率 λ/[W/(m·℃)]	8.8	10.5	11.3	12.1	13.4	14.7	15.5

3）ZTC4合金的比热容见表6-4。

表6-4 ZTC4合金的比热容

温度 θ/℃	200	300	400	500	600
比热容 c/[J/(kg·℃)]	557	574	590	607	628

4）ZTC4合金的线胀系数见表6-5。

表6-5 ZTC4合金的线胀系数

温度 θ/℃	20~100	20~200	20~300	20~400
线胀系数 α_l/(10^{-6}/℃)	8.9	9.3	9.5	9.5

（2）电性能　ZTC4合金的室温电阻率为1.62μΩ·m。

（3）密度　ZTC4合金的密度为4.505g/cm^3。

（4）磁性能　ZTC4合金无磁性。

2. 化学性能

（1）抗氧化性能　ZTC4合金的氧化开始于480℃，随着加热温度的升高，在540℃以下长期暴露形成的轻度氧化对性能有一定影响，但温度达到540℃以上则将导致严重的表面氧化和氧的扩散，并形成硬而脆的表面层（α 层），将严重影响合金的使用性能。

（2）耐蚀性　ZTC4 合金具有较高的耐腐蚀能力，其耐蚀性不如工业纯钛，但优于不锈钢，只有在浓度较高的硫酸、盐酸和正磷酸中才能发生反应；在硝酸中反应很微弱；在海水中不受腐蚀；在氢氟酸中容易受腐蚀。

6.5　力学性能

1. 技术标准规定的力学性能

ZTC4 合金技术标准规定的力学性能见表 6-6。

表 6-6　ZTC4 合金技术标准规定的力学性能

技术标准	品种	状态	取样方式	室温			
				抗拉强度 R_m/MPa	条件屈服强度 $R_{p0.2}$/MPa	断后伸长率 A（%）	断面收缩率 Z（%）
GB/T 6614—2014	铸件	退火或热等静压①	附铸试样②	≥895	≥825	≥6	—
GJB 2896A—2020	精密铸件			≥835（890）	≥765（820）	≥5	≥12（10）
HB 5447—1990	附铸试样或铸件			≥835（890）	≥765（820）	≥5	≥12（10）
HB 5448—2012 Q/12BY 2237—1998	精密铸件			≥835（890）	≥765（820）	≥5	≥12（10）
	机匣铸件	真空退火	L	≥834	≥765	≥5	≥12

技术标准	室温		350℃	
	冲击韧度 a_K/(J/cm^2)	硬度 HBW	抗拉强度 R_m/MPa	持久强度 σ_{100}/MPa
GB/T 6614—2014	—	≤365	—	—
GJB 2896A—2020	—	—	≥500	≥490
HB 5447—1990	≥29.5	≤321（341）	≥500	≥490
HB 5448—2012	—	—	—	—
Q/12BY 2237—1998	≥29.4	—	—	—

注：当需方有要求时，可采用括号内的性能指标，此时应选用氧含量（质量分数）为 0.13% ~0.18% 的母合金棒料或铸锭作为重熔电极。

① 航空航天工业用的 Ⅰ 、Ⅱ 类铸件必须经过热等静压处理。

② 从铸件上切取试样的室温力学性能，允许比附铸试样的性能低 5% 。

2. 各种条件下的力学性能

（1）室温硬度　ZTC4 合金的室温硬度见表 6-7。

表 6-7　ZTC4 合金的室温硬度

品　种	状　态	HBW
精铸件	退火	289～297
精铸件	热等静压	297
铸件①	退火	285～293
铸件①	热等静压	299
机匣铸件②	真空退火	289

① 普通铸型浇注的各种铸件。

② 机加工石墨型无芯离心铸造的机匣铸件。

（2）拉伸性能

1）ZTC4 合金精铸件的室温拉伸性能统计值见表 6-8。

表 6-8　ZTC4 合金精铸件的室温拉伸性能统计值

技术标准		GJB 2896A—2020					
品种		精铸件					
状态		热等静压					
取样方式	拉伸性能	标准规定值	平均值	标准差 S	离散系数 C_v	测试次数	炉批数
精铸附铸试样	抗拉强度 R_m/MPa	835	910	31.4	0.034	101	63
	条件屈服强度 $R_{p0.2}$/MPa	765	836	28.9	0.035	94	56
	断后伸长率 A（%）	5	9.2	1.25	0.136	101	63
	断面收缩率 Z（%）	12	21.6	2.96	0.137	101	63

2）ZTC4 合金普通铸件的室温拉伸性能统计值见表 6-9。

表 6-9　ZTC4 合金普通铸件的室温拉伸性能统计值

技术标准		HB 5447—1990					
品种		铸件					
状态		热等静压					
取样方式	拉伸性能	标准规定值	平均值	标准差 S	离散系数 C_v	测试次数	炉批数
铸件①	抗拉强度 R_m/MPa	835	919	30.6	0.033	45	15
	条件屈服强度 $R_{p0.2}$/MPa	765	835	34.1	0.041	45	15
	断后伸长率 A（%）	5	11.9	2.16	0.181	45	15
	断面收缩率 Z（%）	12	27.1	4.81	0.177	45	15

① 包括各种铸型浇注的铸件。

3）机加工石墨型无芯离心铸造 ZTC4 合金机匣铸件室温拉伸性能统计值见表 6-10。

表 6-10　机加工石墨型无芯离心铸造 ZTC4 合金机匣铸件室温拉伸性能统计值

技术标准		Q/12BY 2238—1998					
品种		机匣铸件					
状态		真空退火					
取样方式	拉伸性能	标准规定值	平均值	标准差 S	离散系数 C_v	测试次数	炉批数
铸件上取样①	抗拉强度 R_m/MPa	834	883	15.5	0.017	33	11
	条件屈服强度 $R_{p0.2}$/MPa	765	818	19.8	0.024	33	11
	断后伸长率 A（%）	5	8.8	1.38	0.157	33	11
	断面收缩率 Z（%）	12	22.1	3.44	0.156	33	11

① 机加工石墨型无芯离心铸造的机匣铸件。

4）ZTC4 合金各种温度下的拉伸性能见表 6-11。

表 6-11　ZTC4 合金各种温度下的拉伸性能

品种	状态	温度 θ/℃	抗拉强度 R_m/MPa	断后伸长率 A（%）	断面收缩率 Z（%）
机加工石墨型铸件	退火	20	940	9.1	21.9
		200	679	12.9	30.6
		300	591	13.2	37.1
		350	552	13.9	36.5
		400	554	12.3	38.1
		450	550	11.2	39.7
精铸附铸试样	热等静压（910℃，120MPa，保温 2h）	20	907.7	10.2	17.8
		250	650.3	15.7	36.3
		350	522	13.2	34.0
	氢处理	350	663	13.7	50.0

5）ZTC4 合金各种状态下的室温拉伸性能见表 6-12。

表 6-12　ZTC4 合金各种状态下的室温拉伸性能

品种	状态	抗拉强度 R_m/MPa	条件屈服强度 $R_{p0.2}$/MPa	断后伸长率 A（%）	断面收缩率 Z（%）	冲击韧度 a_K/(J/cm^2)	硬度 HBW
精铸附铸试样	铸态①	944.2	—	8.3	17.9	—	—
	退火②	931.7	—	9.57	19.4	43.8	293.2
	热等静压③	914.7	858.8	11.1	20.1	55.98	297.9
	ABST4④	971.0	894.0	7.0	17.1	—	—
	BST5⑤	1000	901.0	6.9	18.7	—	—
	BUS6⑥	990.0	891.0	6.5	19.2	—	—
	TCT7⑦	1011.7	967.3	7.2	14.8	—	—
	HTH8⑧	982.7	925.3	8.0	16.7	—	—

① 铸后未经任何热处理。
② 于 700℃保温 1h，空冷。
③ 910℃，120MPa 保温 2h。
④ α + β 固溶时效处理：950 ~ 970℃固溶 1h；风冷→540℃保温 8h；空冷。
⑤ β 固溶时效处理：1020 ~ 1050℃固溶 1h；风冷→540℃保温 8h；空冷。
⑥ Broken – up structure 破碎组织处理：1020 ~ 1050℃，0.5h；水淬→815℃，保温 24h；空冷。
⑦ Thermo – chemical treatment 热化学处理：1020 ~ 1040℃固溶 0.5h，风冷，600℃下渗氢处理，冷却到室温→750 ~ 760℃真空脱氢处理。
⑧ 高温氢处理：890 ~ 900℃渗氢处理，冷却到室温→690 ~ 700℃真空脱氢处理。

（3）抗变形性能 经910℃，120MPa，保温2h热等静压的ZTC4合金精铸附铸试样的室温应力-应变曲线如图6-4所示。

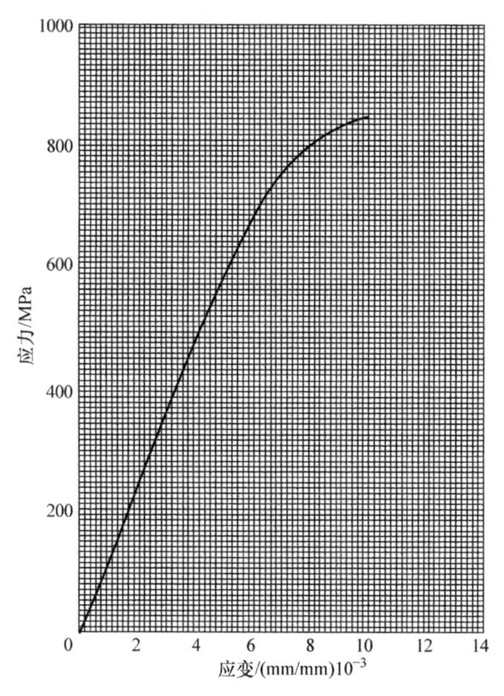

图6-4 经910℃，120MPa，保温2h热等静压的ZTC4合金精铸附铸试样的室温应力-应变曲线

（4）抗压性能 ZTC4合金室温抗压强度见表6-13。

表6-13 ZTC4合金室温抗压强度

品种	状态	抗压强度 R_{mc}/MPa
精铸附铸试样	退火①	>1260
	热等静压②	>1261

① 退火于700℃保温1h，空冷。

② 910℃，120MPa，保温2h。

（5）冲击韧度 ZTC4合金室温冲击韧度见表6-14。

表6-14 ZTC4合金室温冲击韧度

品种	状态	取样方式	冲击韧度 a_K/(J/cm^2)
机加工石墨梅花型试样	铸态	梅花型试样	49.82
机加工石墨型无芯离心铸造机匣铸件	真空退火	铸件	54.9
精铸件	热等静压	附铸试样	40.7
精铸附铸试样	退火	附铸试样	43.8
	热等静压		51.37

（6）扭转性能　ZTC4 合金室温扭转性能见表 6-15。

表 6-15　ZTC4 合金室温扭转性能

品种	状态	抗扭强度 τ_m/MPa	规定塑性扭转强度 $\tau_{P0.3}$/MPa	规定塑性扭转强度 $\tau_{P0.01}$/MPa
机加工石墨梅花型试样	退火	707	544	494
精铸附铸试样	热等静压	765	578	—

（7）应力集中

1）ZTC4 合金室温缺口抗拉强度及缺口敏感系数见表 6-16。

表 6-16　ZTC4 合金室温缺口抗拉强度及缺口敏感系数

品　种	状　态	理论应力集中系数 K_t	缺口抗拉强度 R_{mH}/MPa	缺口敏感系数 R_{mH}/R_m
机加工石墨梅花型试样	退火	2.5	1460	1.5
精铸附铸试样	热等静压	2.4	1172	1.3

2）ZTC4 合金室温缺口试样偏斜抗拉强度下降率见表 6-17。

表 6-17　ZTC4 合金室温缺口试样偏斜抗拉强度下降率

品　种	状　态	理论应力集中系数 K_t	偏斜角/(°)	缺口抗拉强度 σ_{bH}/MPa	下降率 η(%)
机加工石墨梅花型试样	退火	4.6	0	1200	—
			4	1059	11.7
			8	729	39.2

（8）热稳定性

1）ZTC4 合金试样热暴露后的室温拉伸性能见表 6-18。

表 6-18　ZTC4 合金试样热暴露后的室温拉伸性能

品种	状态	热暴露条件		抗拉强度 R_m/MPa	条件屈服强度 $R_{p0.2}$/MPa	断后伸长率 A（%）	断面收缩率 Z（%）
		温度 θ/℃	时间 t/h				
机加工石墨型铸件	退火	未暴露		940	871	9.1	21.9
		200	100	909	849	8.1	19.0
		300	100	915	849	9.2	25.6
		350	100	885	823	8.4	22.1
		400	100	897	846	6.9	16.8
精铸附铸试样	热等静压	未暴露		914.7	858.8	11.1	20.1
		250	100	949.3	—	9.5	17.4

2）ZTC4 合金试样应力热暴露后的室温拉伸性能见表 6-19。

表 6-19　ZTC4 合金试样应力热暴露后的室温拉伸性能

品种	铸件	热暴露条件			抗拉强度 R_m /MPa	断后伸长率 A（%）	断面收缩率 Z（%）
		温度 θ/℃	加载应力 σ/MPa	时间 t/h			
机加工石墨型铸件	退火	未暴露			940	9.1	21.9
		200	147	100	883	9.3	21.6
			294		893	8.2	18.7
			441		893	8.7	23.5
		300	147	100	887	8.2	17.1
			294		895	9.1	21.8
			441		891	9.6	21.6
		350	147	100	888	8.1	22.3
			294		874	8.6	18.8
			441		894	8.4	19.4
		400	147	100	892	9.5	22.7
			294		891	8.5	20.7
			441		897	9.7	24.1

（9）持久和蠕变性能

1）ZTC4 合金高温持久性能见表 6-20。

表 6-20　ZTC4 合金高温持久性能

品种	状态	温度 θ/℃	持久强度 σ_{100}/MPa
机加工石墨梅花型试样	退火	200	608
		300	569
		350	539
		400	510
精铸附铸试样	热等静压	350	593
	氢处理	350	>655

注：热等静压和氢处理工艺见表 6-12。

2）ZTC4 合金高温蠕变强度见表 6-21。

表 6-21　ZTC4 合金高温蠕变强度

品种	状态	温度 θ/℃	蠕变强度 $\sigma_{0.2/100}$/MPa
机加工石墨梅花型试样	退火	350	392
		400	343
		450	215

3）退火状态 ZTC4 合金铸件的蠕变应力－残余变形曲线如图 6-5 所示。

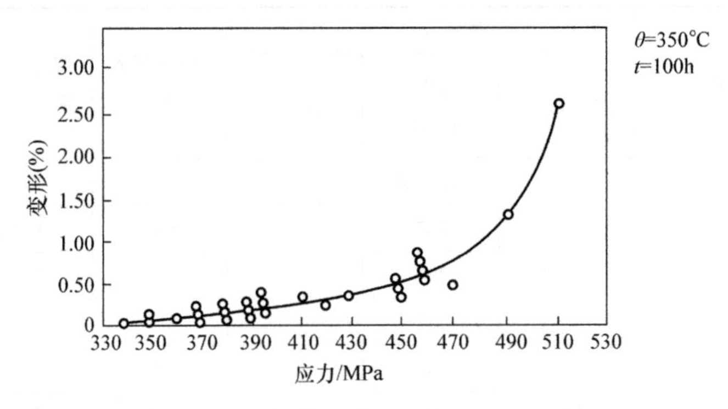

图 6-5　退火状态 ZTC4 合金铸件的蠕变应力－残余变形曲线

（10）疲劳性能

1）ZTC4 合金机加工石墨梅花型试棒光滑和缺口（$K_t=2$）试样室温旋转弯曲疲劳极限见表 6-22。

表 6-22　ZTC4 合金机加工石墨梅花型试棒光滑和缺口（$K_t=2$）试样室温旋转弯曲疲劳极限

品种	状态	理论应力集中系数 K_t	应力比 R	试验频率 f/Hz	循环次数 N/周次	疲劳极限 σ_D/MPa
机加工石墨梅花型试棒	退火	1	−1	50	10^7	226
		2	−1	50	10^7	196

2）ZTC4 合金机加工石墨梅花型试棒缺口试样（$K_t=2$）室温旋转弯曲疲劳 $\sigma_{max}-N$ 曲线如图 6-6 所示。

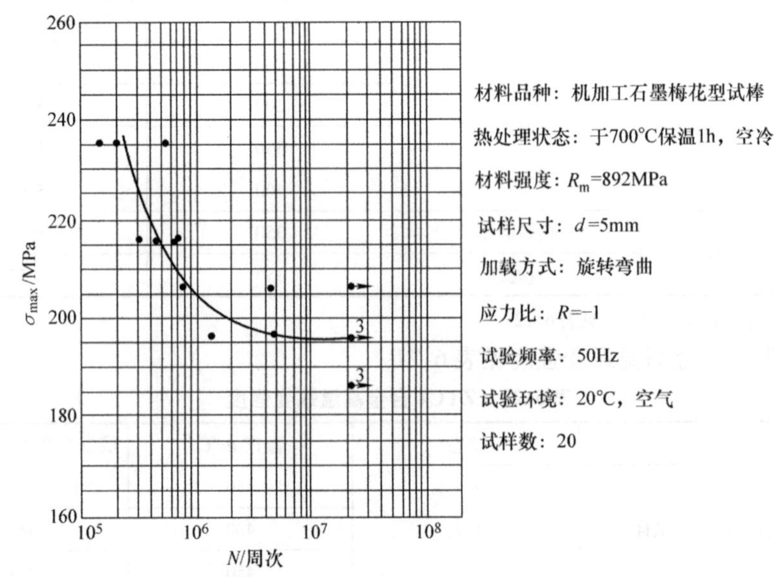

图 6-6　ZTC4 合金机加工石墨梅花型试棒缺口试样（$K_t=2$）室温旋转弯曲疲劳 $\sigma_{max}-N$ 曲线

3）ZTC4 合金室温轴向加载疲劳极限见表 6-23。

表 6-23　ZTC4 合金室温轴向加载疲劳极限

品种	状态	理论应力集中系数 K_t	应力比 R	试验频率 f/Hz	循环次数 N/周次	疲劳极限 σ_D/MPa
机加工石墨梅花型试棒	退火①	1	0.1	133	10^7	196
		2.3	0.1	126	10^7	167
精铸附铸试样	热等静压①	1	0.1	130	10^7	470
	ABST②	1	0.1	130	10^7	522.8
	BST②	1	0.1	130	10^7	547.5
	氢处理③	1	0.1	130	10^7	675

① 工艺见表 6-12。

② 的试样先经热等静压后，然后再分别进行 ABST 和 BST，其工艺见表 6-12。

③ 的试样先经热等静压后，再进行氢处理，其工艺见表 6-12。

4）ZTC4 合金机加工石墨梅花型试棒光滑和缺口（$K_t=2$）试样在 800℃，1h 退火状态下的室温轴向加载疲劳 $\sigma_{max}-N$ 曲线如图 6-7 所示。

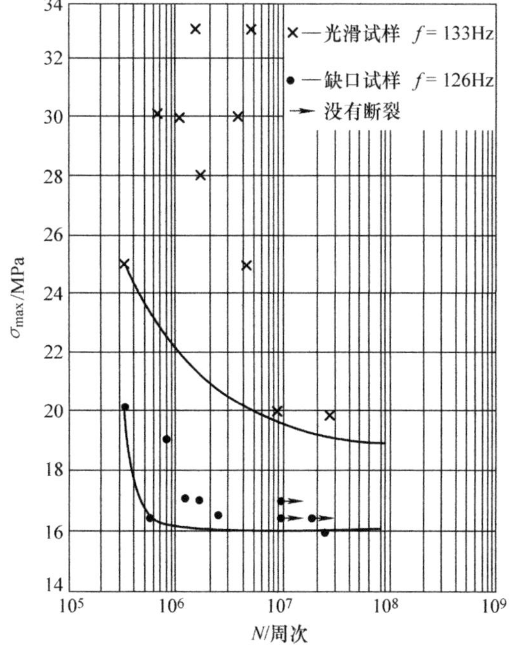

图 6-7　ZTC 合金机加工石墨梅花型试棒光滑和缺口（$K_t=2$）试样室温轴向加载疲劳 $\sigma_{max}-N$ 曲线

5）ZTC4 合金精铸附铸试样在热等静压状态下的室温轴向加载疲劳 $\sigma_{max}-N$ 曲线如图 6-8 所示。

6）ZTC4 合金精铸附铸试样在热等静压和热等静压→930℃保温 1.5h 固溶→530℃保温 6h 时效 AC 状态下的室温轴向加载疲劳 $\sigma_{max}-N$ 曲线，见图 6-9。

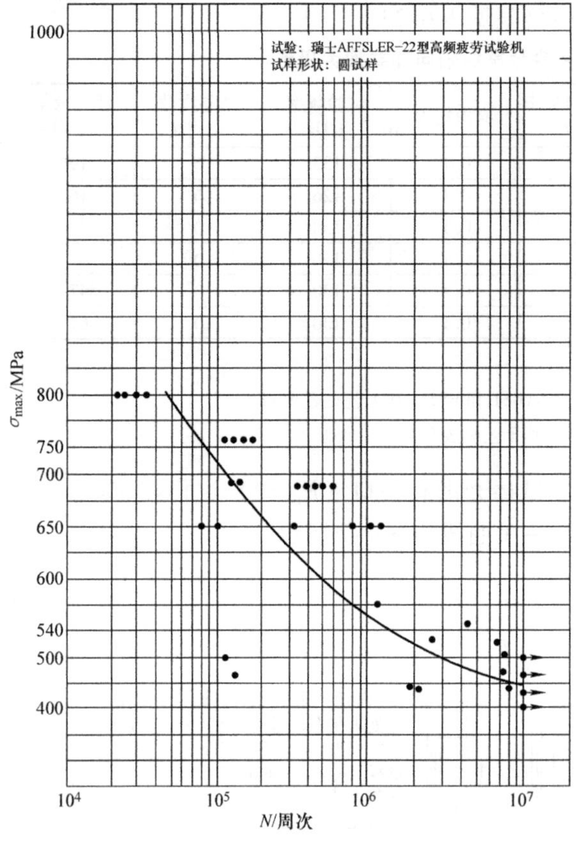

材料品种：精铸附铸试样
热处理状态：热等静压(910°C，120MPa，保温2h)
材料强度：R_m =907.6 MPa
试样尺寸：d=5mm
加载方式：轴向
应力比：R=0.1
试验频率：130Hz
试验环境：20°C，空气
试样数：36

图 6-8　ZTC4 合金精铸附铸试样在热等静压状态下的室温轴向加载疲劳 $\sigma_{max}-N$ 曲线

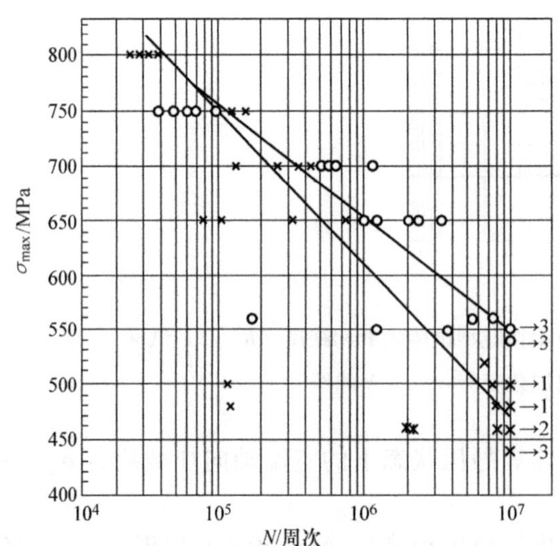

材料品种：精铸附铸试样
热处理状态：热等静压(×)和热等静压→930°C保温1.5h固溶→530°C保温6h时效AC(○)
材料强度：R_m =907.6MPa
试样尺寸：d= 5mm
加载方式：轴向
应力比：R=0.1
试验频率：130Hz
试验环境：20°C，空气
试样数：热等静压→930°C保温1. 5h固溶→530°C保温6h时效AC状态的试样为21件；热等静压状态的试样为25件

图 6-9　ZTC4 合金精铸附铸试样室温轴向加载疲劳 $\sigma_{max}-N$ 曲线

7）ZTC4 合金机加工石墨梅花型试棒室温应力控制低周疲劳性能见表 6-24 和图 6-10。

表 6-24　ZTC4 合金机加工石墨梅花型试棒室温应力控制低周疲劳性能

品种	状态	温度 θ/℃	理论应力集中系数 K_t	应力比 R	试验频率 f/Hz	应力强度因子 K	最大应力 σ_{max}/MPa
机加工石墨梅花型试棒	退火	2.3	0.1	0.17	0.9	783	1535
					0.8	671	3175
					0.6	559	6074
					0.5	447	17291

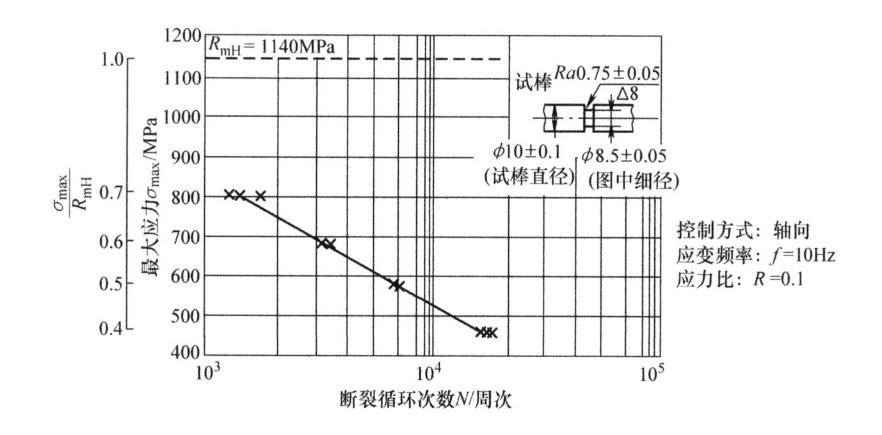

图 6-10　ZTC4 合金机加工石墨梅花型试棒室温应力控制低周疲劳 $\sigma_{max}-N$ 曲线

8）ZTC4 合金精铸附铸试样室温应力控制低周疲劳性能见表 6-25 和图 6-11。

表 6-25　ZTC4 合金精铸附铸试样室温应力控制低周疲劳性能

品种	状态	温度 θ/℃	理论应力集中系数 K_t	应力比 R	试验频率 f/Hz	应力强度因子 K	最大应力 σ_{max}/MPa	循环次数 N/周次
精铸附铸试样	热等静压（910℃，120MPa，保温 2h）	20	2.4	0.1	—	0.7	923	—
						0.5	659	6388.55
						0.3	395	47320（未断）

（11）弹性性能

1）ZTC4 合金的弹性模量见表 6-26。

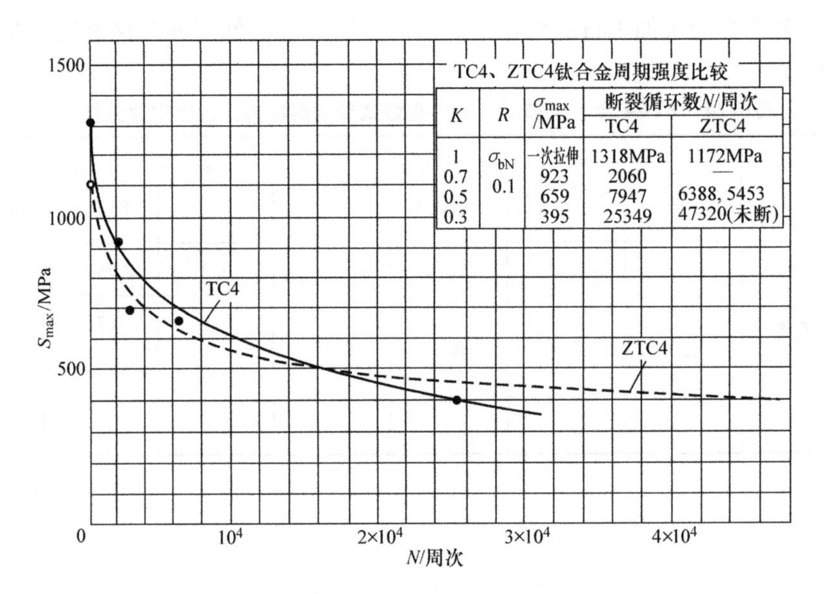

图 6-11　ZTC4 合金精铸附铸试样室温应力控制低周疲劳 $\sigma_{max}-N$ 曲线

表 6-26　ZTC4 合金的弹性模量

品种	状态	温度 θ/℃	弹性模量 E/GPa
机加工石墨型铸件	退火	20	114
		350	96

2）ZTC4 合金的室温剪切弹性模量为 $G=44\text{GPa}$。

3）ZTC4 合金的室温泊松比为 $\mu=0.29$。

（12）断裂韧度

1）ZTC4 合金室温断裂韧度见表 6-27。

表 6-27　ZTC4 合金室温断裂韧度

品种	规格	状态	试样类型	断裂韧度 $K_{IC}/\text{MPa}\cdot\text{m}^{\frac{1}{2}}$	平面应变断裂韧度 $K_Q/\text{MPa}\cdot\text{m}^{\frac{1}{2}}$
精铸试样	—	热等静压	—	98.5	—
		氢处理	—	86.0	—
	—	退火	—	—	103.7
		热等静压	—	—	109.2

注：各种热处理状态工艺见表 6-12。

2）退火状态下的 ZTC4 合金精铸附铸试样在室温空气环境下的疲劳裂纹扩展速率 $da/dN-K$ 曲线如图 6-12 所示。

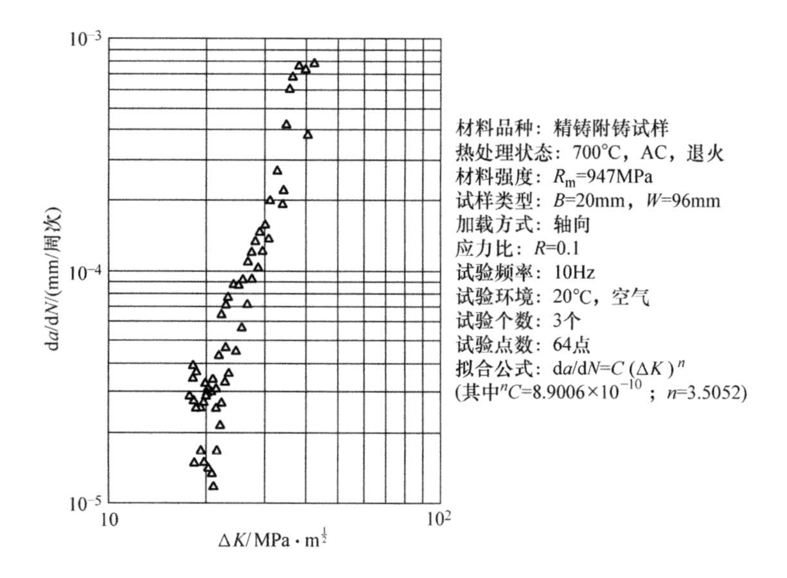

图 6-12　退火状态下的 ZTC4 合金精铸附铸试样在室温空气环境下的疲劳裂纹扩展速率 $\mathrm{d}a/\mathrm{d}N-K$ 曲线

3）热等静压状态下的 ZTC4 合金精铸附铸试样在室温空气环境下的疲劳裂纹扩展速率 $\mathrm{d}a/\mathrm{d}N-K$ 曲线如图 6-13 所示。

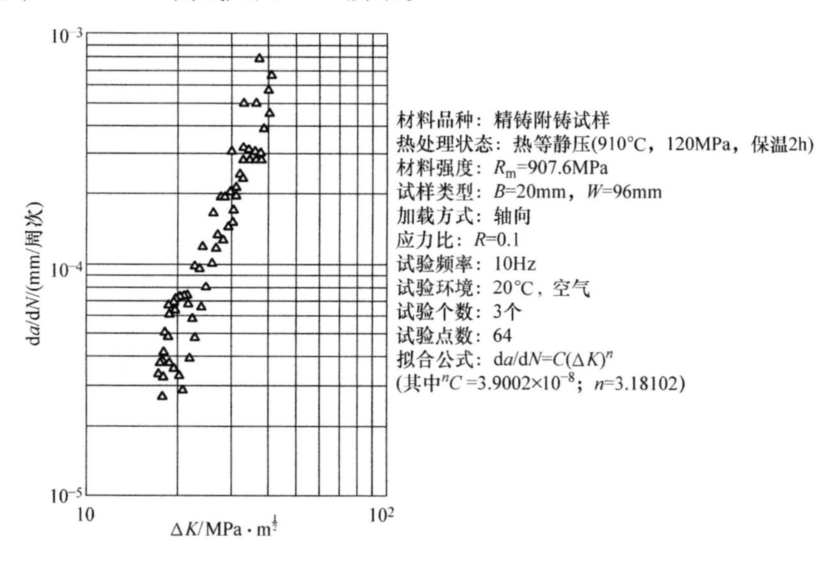

图 6-13　热等静压状态下的 ZTC4 合金精铸附铸试样在室温空气环境下的疲劳裂纹扩展速率 $\mathrm{d}a/\mathrm{d}N-K$ 曲线

6.6 组织结构

1. 相变温度

ZTC4 合金 $\alpha+\beta \longleftrightarrow \beta$ 的转变温度为 975 ~ 1005℃。

2. 组织结构

ZTC4 合金为 $\alpha+\beta$ 型两相合金，它的铸态显微组织是由从高温 β 相转变过来的片状或针状 α 相和部分的 β 相组成的，片状或针状的 α 相按一定的位向排列，原始的 β 晶界被清晰地保留下来（见图6-14）。铸态显微组织受铸件冷却速度的影响，合金从高温 β 区冷却，在没有达到进行无扩散的马氏体转变速度时，α 相首先从 β 晶界开始生长，然后向晶内长大，形成交叠编织的片状 α。冷却速度慢时片状 α 变得又宽又短，在晶粒内部形成网篮状组织；冷却速度快时片状 α 变得又尖又长，甚至形成针状马氏体组织。

图6-14 ZTC4 合金的铸态显微组织（×500）

该合金在较低温度下（如 650℃以下）退火，其组织与铸态组织差别不大（见图6-15），但随着退火温度的提高，片状 α 可能发生积聚长大，尤其是冷却速度慢时，这将导致退火后的合金塑性低于铸态的塑性。

该合金经热等静压后，其显微组织会出现一些变化，β 晶界变宽，片状 α 变宽变短，局部区域的片状 α 趋向于等轴化（见图6-16）。

该合金如果进行强化热处理（固溶时效）和氢化处理，会使它的显微组织发生很大的变化（见图6-17 和图6-18），从而使它的性能获得很大的改善。

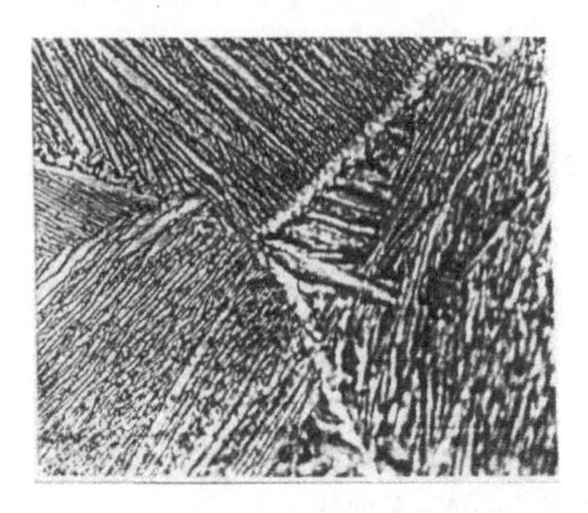

图6-15 退火后的 ZTC4 合金显微组织（×500）

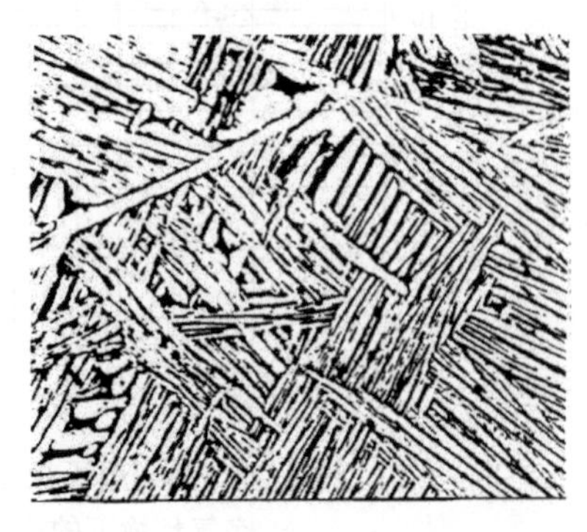

图6-16 热等静压后的 ZTC4 合金显微组织（×500）

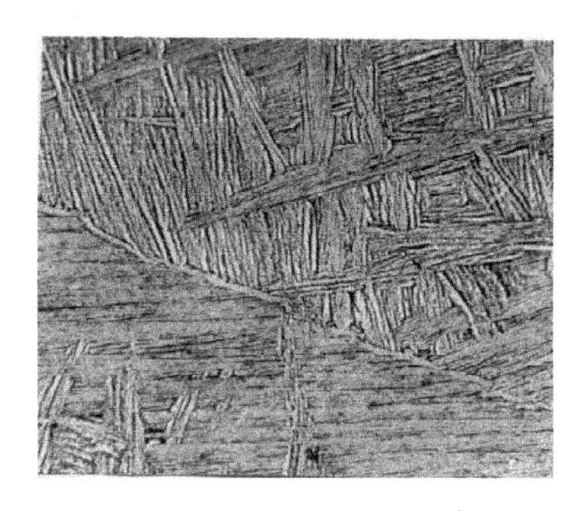

图6-17 β固溶时效后ZTC4合金显微组织（×500）

图6-18 氢处理后ZTC4显微组织（×500）

6.7 工艺性能

1. 成形性能

ZTC4合金具有较窄的凝固温度范围，良好的流动性（见表6-28），可以浇注形状复杂的薄壁铸件，目前铸件最小壁厚（局部）已达到0.8～0.9mm。其补缩性比铸钢差，因此其铸件的浇冒系统应设计得比铸钢件粗大，补缩冒口的数量也应多一些，而且应尽量采用底注。若遇到很复杂而薄壁难以成形的结构件，可以采用离心铸造，如大体积的高尔夫球头。

表6-28 ZTC4合金的流动性

熔炼方法	铸件铸造方法	温度 θ/℃		冷却条件	流动性/mm	线收缩率（%）
		熔化	浇注			
真空自耗电极电弧凝壳炉熔炼	离心铸造	1650（液相线） 1590（固相线）	1850～2000	真空中	510①	1.1

① 采用截面积为0.75cm^{2}的三角形螺旋形石墨铸型测定。

2. 焊接性能

采用惰性气体保护的钨极氩弧补焊技术，可获得良好的效果。焊接接头具有与基体金属相当的强度、塑性和耐蚀性。手工氩弧焊焊接接头的抗拉强度见表6-29。

表6-29 ZTC4合金焊接接头的抗拉强度

品　种	状　态	试验温度 θ/℃	抗拉强度 R_m/MPa
铸件	退火	20	936
		350	559
	焊接→退火	20	909
		350	570

3. 热处理工艺性能

航空航天工业用的 ZTC4 合金的Ⅰ、Ⅱ类铸件必须经热等静压处理后方能使用。其目的是消除铸件中缩孔、气孔和缩松等缺陷。经热等静压处理后的铸件强度要比铸态或退火状态的铸件稍低些，但塑性和疲劳性能以及使用可靠性均获得了改善。ZTC4 合金铸件热等静压处理规范如下：温度为 920℃ ±10℃，压力为 100 ~ 140MPa，保温时间为 2 ~ 2.5h，随炉冷却至 300℃以下出炉。对于要求力学性能达到与热变形件相当的铸件，可通过 β 固溶时效处理或热化学处理来实现。一般用途的铸件可以采用去应力退火。

4. 表面处理工艺

本部分内容主要讲述 ZTC4 合金的表面渗氮处理工艺。ZTC4 合金经渗氮处理后，表面层的显微组织发生明显变化，硬度显著提高，虽然力学性能有所降低，但耐磨性得到较大改善。该合金经 920℃保温 30h 的渗氮处理后表面呈金黄色，渗氮层深度约为 0.06mm，其表面层显微硬度随深度的变化如图 6-19 所示。渗氮处理前后的力学性能见表 6-30。

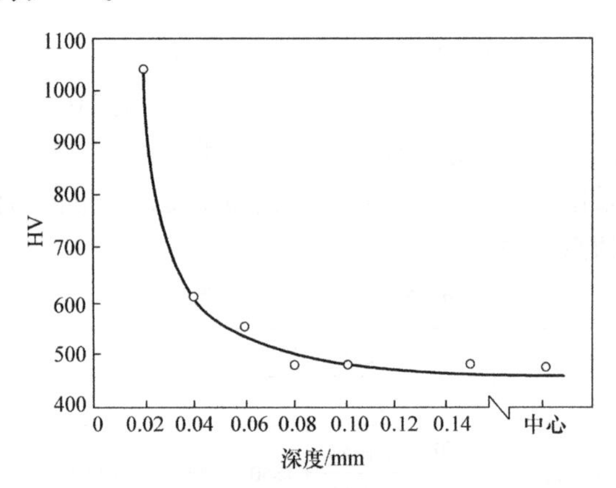

图 6-19　ZTC4 合金渗氮处理后的表面层显微硬度随深度的变化

表 6-30　ZTC4 合金渗氮处理前后的力学性能

品　种	状　态	温度 θ /℃	抗拉强度 R_m /MPa	断后伸长率 A (%)	断面收缩率 Z (%)	冲击韧度 a_K/(J/cm^2)
铸件	退火	20	849	7.7	16.0	53.5
		350	532	10.8	41.5	—
	渗氮处理后	20	779	5.0	11.2	41.1
		350	440	13.0	50.2	—

5. 切削加工与磨削性能

ZTC4 合金的切削加工和磨削性能与不锈钢十分相近，切削加工时通常应选用锋利的高速钢或硬质合金刀具和中等疏松的绿色碳化硅磨轮。切削时形成的带状切屑易使刀具磨损，同时对操作人员也有危险，因此应采用低转速（20 ~ 30m/min）、大进刀量、大功率的设备。应尽可能采用切削液冷却，以延长刀具寿命，改善加工工件表面质量。最好采用不含氯的切削液，如果非用氯化冷却液不可，工件加工后应立即清洗干净并烘干，以防氯对工件产生不良影响。

6.8　功能考核试验

1. 飞机用发动机接头静力试验

（1）试验方案　为了考核 ZTC4 合金精铸件在飞机上使用的可靠性，选择了 ZTC4 合金精铸发动机接头（见图 6-20）与 TC4 合金锻造接头进行静力对比试验。试验时用夹具将接头试件组合在试验机上进行拉伸与压缩。

（2）试验结果　拉伸试验与压缩试验的位移与变形结果见表 6-31 和表 6-32，破坏载荷试验结果见表 6-33。

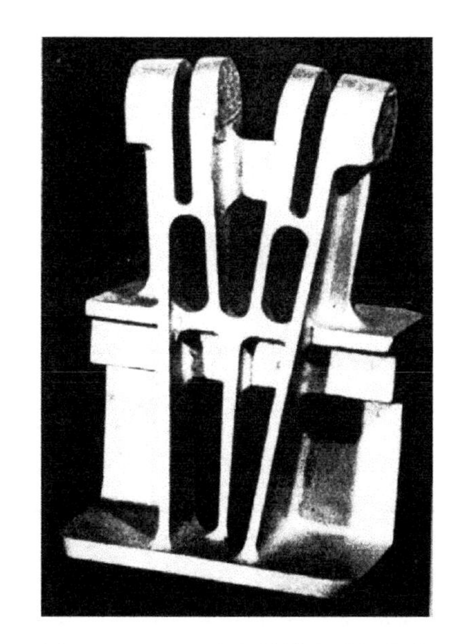

图 6-20　ZTC4 合金精铸发动机接头

表 6-31　拉伸试验与压缩试验的位移与变形结果一

试件接头		拉伸 P_{sj}（%）	加载/kN	位移/mm	平均位移/mm	原始长度/mm	变形（%）
ZTC4 合金精铸接头	1#	100	80	2. 135	2. 112	643	0. 3
	2#	100	80	2. 095			
TC4 合金锻件接头	3#	100	80	1. 930	1. 957	643	0. 3
	4#	100	80	1. 985			

注：1#、2#ZTC4 合金精铸接头均经过热等静压处理。

表 6-32　拉伸试验与压缩试验的位移与变形结果二

试件接头		压缩 P_{sj}（%）	加载/kN	位移/mm	平均位移/mm	原始长度/mm	变形（%）
ZTC4 合金精铸接头	1#	100	110	0. 47	0. 415	228	0. 18
	2#	100	110	0. 36			
TC4 合金锻件接头	3#	100	110	0. 50	0. 442	228	0. 19
	4#	100	110	0. 38			

注：1#、2#ZTC4 合金精铸接头均经过热等静压处理。

表 6-33　破坏载荷试验结果

接头试件	拉伸试验			压缩试验		
	压缩 P_{sj}（%）	加载/kN	试件试验结果	压缩 P_{sj}（%）	加载/kN	试件试验结果
ZTC4 合金精铸接头 1#	110	88	试件无残余变形	110	121	试件无残余变形
ZTC4 合金精铸接头 2#	280	224	试件下部中间一连接螺栓螺纹拉脱，试件无残余变形	130	143	试件无残余变形
	330	264	夹具间的 4 个连接螺栓拉断，试件无残余变形	130	143	试件无残余变形
TC4 合金锻件接头 3#	160	128	试件无残余变形	130	143	试件无残余变形
TC4 合金锻件接头 4#	110	88	试件无残余变形	100	110	试件无残余变形

注：1#、2#ZTC4 合金精铸接头均经过热等静压处理。

从上述试验结果可见，ZTC4 合金精铸接头和 TC4 合金锻件接头的变形相当，ZTC4 合金精铸发动机接头完全满足了飞机的静强度设计要求。

2. 导弹后封头的冷热综合试验

（1）试件的结构特点　ZTC4 合金精铸导弹后封头（见图 6-21）为可拆式椭球形结构，椭球体上有 3 个并排开口，开口比达 0. 9 以上，外廓尺寸 d 最大 350mm，总长 160mm，最小壁厚为 3mm。

（2）冷热综合试验方案

1）水压试验：把 ZTC4 合金精铸后封头固定在水压试验专用设备上，然后用高压水打压使封头内部的水压强达到 9. 8MPa，保压 3min，检查后封头是否发生变形。

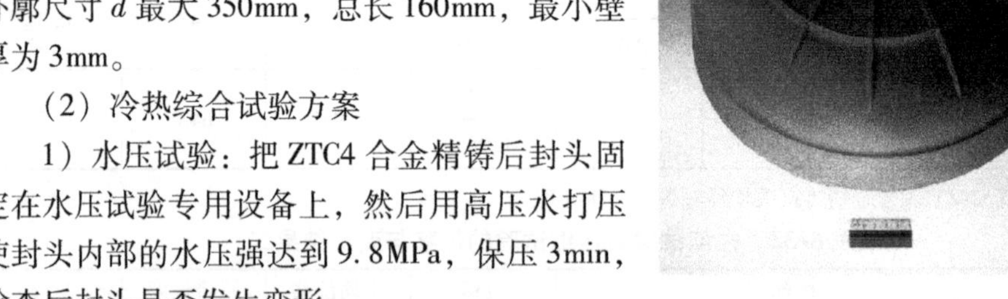

图 6-21　ZTC4 合金精铸导弹后封头

2）热试验：把 ZTC4 合金精铸后封头用楔环和发动机燃烧室壳体连接，O 形橡胶圈侧面密封，内壁粘贴绝热片，点火热试，发动机内压达 7. 18MPa，内部温度达 3227℃以上，工作 4s，3min 后测定后封头的壁温，保证壁温不超过 300℃，最后分解检查后封头的内外表面。

（3）试验结果　ZTC4 合金精铸后封冷热综合试验结果详见表 6-34。

表 6-34　ZTC4 合金精铸后封冷热综合试验结果

项目名称	30CrMnSiA 钢制后封头	ZTC4 合金精铸后封头	
		设计要求	实际达到
抗拉强度 R_m/MPa	1079	≥863	883
断后伸长率 A（%）	≥10	≥9.0	10
断面收缩率 Z（%）	—	—	20.0
水压试验	9.8MPa，3min 通过	9.8MPa，3min 通过	9.8MPa，3min 通过
最大轴向变形/mm	3.12	≤3.2	3.14
爆破压力/MPa	≥13.8	≥13.34	14.22MPa 铸件未爆破
可靠性 R	0.99999999999	—	0.99999999999
热试车结果	成功	通过	成功
焊接性	良好	—	良好
壳体壁厚/mm	3	3	3

从上述试验结果可见，ZTC4 合金精铸后封头的强度、刚度等技术性能全部达到设计要求，其安全系数、可靠性指标达到了中高强度钢 30CrMnSiA 同等水平。

6.9　选材及应用

1. 应用概况与特殊要求

（1）应用概况　ZTC4 合金是国内外应用最广泛和用量最大的一种铸造钛合金，目前在航空航天工业获得应用的钛合金铸件中 90% 以上是采用该合金铸造的。主要用于制造航空发动机的压气机机匣、中介机匣、支架、壳体，飞机的支架、支臂、接头、衬套，导弹的壳体、尾翼，人造卫星的照相机镜头框架以及液压系统中的高压泵叶轮、增压器转子，以及其他各种结构件、小型发动机叶轮等。建议选用 ZTC4 合金制造航空、航天装备上的各种异形结构件。

（2）特殊要求

1）母合金氧含量的控制。氧含量的高低直接影响 ZTC4 钛合金的力学性能，当母合金中氧含量（质量分数，后同）低于 0.10% 时，所铸出的试样和铸件的力学性能 R_m、$R_{p0.2}$ 值难以分别达到 890MPa 和 820MPa 水平。当要求铸件的 R_m、$R_{p0.2}$ 值大于上述水平时，必须采用氧含量为 0.13% ~0.18% 的母合金锭。

2）铸件供应状态的选择。航空、航天工业应用的Ⅰ、Ⅱ类铸件必须经过热等静压。一般用途的铸件只需退火即可。

3）接触腐蚀。当 ZTC4 合金铸件与铝合金和钢零件接触时，尤其是在一定的腐蚀介质下，要发生接触腐蚀。当遇到这种情况时应采用有效防护，其防护措施如下：

① 可在铝或钢零件接触的区域进行阳极化处理；

② 涂防护漆，不锈钢零件表面可进行钝化，或加防护涂层，如镀镍等，但不能镀银或镉，尤其是镉，因为镀镉后，在拉应力的作用下有可能发生脆性断裂。

2. 品种规格与供应状态

根据铸件的工作特性或用户要求，以铸态、退火状态或热等静压状态的不同品种和规格的熔模精铸件、捣实型铸件和机加工石墨型铸件供应。

ZTC5合金

7.1 概述

ZTC5合金属于Ti－Al－Mo－Sn－Zr系的马氏体型α－β合金，该合金依靠多元素固溶强化和共析化合物的弥散强化获得高强度，被作为组织结构稳定的高强度铸造钛合金使用。ZTC5合金具有良好的综合性能，在常温下具有高的强度（$R_m \geqslant 1000\mathrm{MPa}$）和韧性（断裂韧度可达$75\mathrm{MPa}\cdot\mathrm{m}^{\frac{1}{2}}$），并有良好的热稳定性，可在350℃以下长期工作。该合金铸造性能好，无热裂倾向，在工业生产中采用消除铸件中残余铸造应力的回复退火后即可使用。该合金可取代部分结构钢，适合用于制造航空、航天工业的各种静止的高强度结构件。

7.2 材料牌号与技术标准

1）ZTC5是合金代号，其相应的牌号是ZTiAl5.5Sn1.5Zr3.5Mo3V1Cu1Fe0.8。与ZTC5相近的国外牌号有BT26Л（俄罗斯）。

2）相关的技术标准有GJB 2896A—2020《钛及钛合金熔模精密铸件规范》、Q/6S 782—1989《ZT5铸造钛合金技术条件》、Q/3A J72J2—1990《ZT5高强度铸造钛合金技术条件》。

3）GJB 2896A—2020、Q/6S 782—1989和Q/3A J72J2—1990规定了该合金的化学成分，见表7-1。

表7-1 ZTC5合金化学成分（质量分数） （%）

合金元素								杂质 ≤						
Al	Mo	V	Fe	Cu	Sn	Zr	Ti	Si	C	N	H	O	其他元素①	
													单个②	总和
5.0～6.0	2.5～3.5	1.0～2.0	0.5～1.5①	0.8～1.2	1.0～2.0	3.0～4.0	余量	0.15	0.10	0.05	0.015	0.20	0.10	0.40

① 产品出厂时供方可不检验其他元素，用户要求并在合同中注明时可予以检验。

② GJB 2896A—2020规定w_{Fe}=0.6%～1.0%，其他元素无要求。

7.3 熔炼铸造与热处理

1. 熔炼与铸造工艺

（1）熔炼工艺　根据铸件的用途和质量要求，采用在真空自耗电极电弧炉中经一次或两次熔炼而成的母合金铸锭，或在真空自耗电极电弧炉中经两次熔炼而成的大铸锭，以经开坯锻造去除表面氧化皮的棒料作为母合金电极，然后在真空自耗电极电弧凝壳炉中重熔铸造。

（2）铸造工艺　用上述的母合金锭作为自耗电极，在真空自耗电极电弧凝壳炉中重熔，根据浇注铸件的形状、重量及尺寸和质量要求，采用重力铸造或离心铸造。由于采用凝壳炉熔炼，铸态金属液过热度低，补缩能力比铸钢差，当遇到很复杂且壁薄难以成形的结构件时，可以采用离心铸造。这样有利于铸件补缩，减少铸件缺陷，细化晶粒。

由于钛是高化学活性金属，浇注 ZTC5 合金铸件必须采用对熔融钛相对稳定的特种铸型。目前铸钛工业生产中采用的铸型有机械加工石墨型、捣实（砂）型、氧化物面层熔模陶瓷型壳等。ZTC5 合金可以采用上述不同铸型浇注铸件。

2. 热处理工艺

（1）去应力退火　于 550～700℃保温 2h，空冷或炉冷。

（2）热等静压　在 100～140MPa 氩气中于 900℃ ±10℃保温 2～2.5h，随炉冷至 300℃以下出炉。

7.4 物理性能与化学性能

1. 物理性能

（1）热性能

1）ZTC5 合金的熔点为 1560℃ ±20℃。

2）ZTC5 合金的热导率见表 7-2。

表 7-2　ZTC5 合金的热导率

温度 θ/℃	20	100	200	300	400	500	600
热导率 λ/[W/(m·℃)]	8.4	9.5	11.1	12.7	14.2	15.5	17.4

3）ZTC5 合金的比热容见表 7-3。

表 7-3　ZTC5 合金的比热容

温度 θ/℃	20	100	200	300	400	500	600
比热容 c/[J/(kg·℃)]	699	733	766	795	816	841	862

4）ZTC5 合金的线胀系数见表 7-4。

表7-4　ZTC5合金的线胀系数

温度 θ/℃	20~100	20~200	20~300	20~400
线胀系数 α_l/(10^{-6}/℃)	7.4	8.5	8.7	9.2

（2）电性能　ZTC5合金的电阻率见表7-5。

表7-5　ZTC5合金的电阻率

温度 θ/℃	20	100	200	300	400	500	600
电阻率 ρ/μΩ·m	1.71	1.74	1.77	1.80	1.81	1.81	1.82

（3）密度　ZTC5合金的密度为4.62g/cm^3。

（4）磁性能　ZTC5合金无磁性。

2. 化学性能

（1）抗氧化性能　ZTC5合金在350℃以下有较好的抗氧化性能，可长期稳定工作。

（2）耐蚀性　ZTC5合金在空气和海水中稳定，有较高的耐蚀性。

7.5　力学性能

1. 技术标准规定的力学性能

ZTC5合金技术标准规定的力学性能见表7-6。

表7-6　ZTC5合金技术标准规定的力学性能

技术标准	品种	状态	取样方式	室温：抗拉强度 R_m/MPa	室温：条件屈服强度 $R_{p0.2}$/MPa	室温：断后伸长率 A（%）	室温：断面收缩率 Z（%）	室温：冲击韧度 a_K/(J/cm^2)	室温：断裂韧度 K_{IC}/MPa·m$^{\frac{1}{2}}$	室温：硬度 HBW	350℃：抗拉强度 R_m/MPa	350℃：持久强度 σ_{100}/MPa
				≥							≥	
GJB 2896A—2020	精密铸件	退火或热等静压①	附铸试样②	1000	910	4	8	—	—	—	—	—
Q/6S 782—1989	精密铸件	退火或热等静压①	附铸试样②	1050	950	4	8	20.0	—	≤340	900	800
Q/3A J72J2—1990	精密铸件	退火或热等静压①	附铸试样②	1000	910	4	8	19.0	60	—	—	—

①航空航天工业用的第Ⅰ、Ⅱ类铸件必须经过热等静压处理。

②从铸件上切取试样的室温力学性能允许比附铸试样的性能低5%。

2. 各种条件下的力学性能

（1）室温硬度　ZTC5 合金的室温硬度见表 7-7。

表 7-7　ZTC5 合金的室温硬度

品种	状　态	硬度 HBW
试棒	铸　态	330
	热等静压	326
	于 540℃保温 8h，空冷	340

（2）拉伸性能

1）ZTC5 合金的室温拉伸性能见表 7-8。

表 7-8　ZTC5 合金的室温拉伸性能

品种	状态	抗拉强度 R_m /MPa	条件屈服强度 $R_{p0.2}$/MPa	规定塑性延伸强度 $R_{p0.01}$/MPa	断后伸长率 A（%）	断面收缩率 Z（%）
单铸试棒	铸态	1068	973	—	7.3	13.8
	热等静压①	1033	956	—	9.5	18.1
	热等静压①→580℃，8h，空冷	1133	—	—	5.8	13.1
	540℃，8h，空冷	1094	995	829	7.7	11.6
	热等静压①→于 880℃保温 1h，空冷→于 580℃保温 8h，空冷	1169	—	—	5.4	12.5
附铸试棒	热等静压②→于 580℃保温 8h，空冷	1054	997	—	14.3	22.5

① 热等静压工艺：900℃，133MPa，保温 2h，冷却速度为 32～34℃/min。

② 热等静压工艺：900℃，133MPa，保温 2h，冷却速度为 3～5℃/min。

2）ZTC5 合金在各种温度下的拉伸性能见表 7-9。

表 7-9　ZTC5 合金在各种温度下的拉伸性能

品种	状态	温度 θ /℃	抗拉强度 R_m /MPa	条件屈服强度 $R_{p0.2}$/MPa	断后伸长率 A（%）	断面收缩率 Z（%）
单铸试棒	于 540℃保温 8h，空冷	20	1094	995	7.7	11.6
		300	915	756	8.6	19.2
		350	901	734	8.6	20.3

(3) 冲击韧度 ZTC5 合金的室温冲击韧度见表 7-10。

表 7-10 ZTC5 合金的室温冲击韧度

品种	状 态	冲击韧度 a_K/(J/cm^2)
单铸试棒	铸态	35.1
	热等静压①	36.0
	于 540℃保温 8h，空冷	26.6

① 热等静压处理工艺：900℃，133MPa，保温 2h，冷却速度为 32～34℃/min。

(4) 扭转与剪切性能

1) ZTC5 合金的室温扭转性能见表 7-11。

表 7-11 ZTC5 合金的室温扭转性能

品种	状态	抗扭强度 τ_m/MPa	规定塑性扭转强度 $\tau_{P0.3}$/MPa	规定塑性扭转强度 $\tau_{P0.01}$/MPa
单铸试棒	于 540℃保温 8h，空冷	913	686	525

2) ZTC5 合金的室温剪切性能见表 7-12。

表 7-12 ZTC5 合金的室温剪切性能

品种	状态	抗剪强度 τ_b/MPa
单铸试棒	于 540℃保温 8h，空冷	761

(5) 应力集中

1) ZTC5 合金室温缺口抗拉强度及缺口敏感系数见表 7-13。

表 7-13 ZTC5 合金室温缺口抗拉强度及缺口敏感系数

品种	状态	理论应力集中系数 K_t	缺口抗拉强度 R_{mH}/MPa	缺口敏感系数 R_{mH}/R_m
单铸试棒	于 540℃保温 8h，空冷	3	1632	1.49

2) ZTC5 合金室温缺口试样偏斜抗拉强度下降率见表 7-14。

表 7-14 ZTC5 合金室温缺口试样偏斜抗拉强度下降率

品种	状态	理论应力集中系数 K_t	偏斜角/(°)	缺口抗拉强度 R_{mH}/MPa	下降率 η(%)
单铸试棒	于 540℃保温 8h，空冷	3	0	1405	—
			4	1072	23.7
			8	550	60.9

(6) 热稳定性 ZTC5 合金试样热暴露后的室温拉伸性能见表 7-15。

表 7-15 ZTC5 合金试样热暴露后的室温拉伸性能

品种	状态	热暴露条件		抗拉强度 R_m/MPa	条件屈服强度 $R_{p0.2}$/MPa	断后伸长率 A(%)	断面收缩率 Z(%)
		温度 θ/℃	时间 t/h				
单铸试棒	于 540℃保温 8h，空冷	未暴露		1094	995	7.7	11.6
		300	100	1130	1047	4.8	12.6

（7）持久和蠕变性能

1）ZTC5 合金的高温持久性能见表 7-16。

表 7-16　ZTC5 合金的高温持久性能

品种	状态	温度 θ/℃	持久强度 σ_{100}/MPa
单铸试棒	于 540℃保温 8h，空冷	350	800

2）ZTC5 合金的高温蠕变性能见表 7-17。

表 7-17　ZTC5 合金的高温蠕变性能

品种	状态	温度 θ/℃	蠕变强度 $\sigma_{0.1/100}$/MPa	蠕变强度 $\sigma_{0.2/100}$/MPa
单铸试棒	于 540℃保温 8h，空冷	400	530	550

（8）疲劳性能

1）ZTC5 合金的室温轴向加载疲劳极限见表 7-18 和图 7-1。

表 7-18　ZTC5 合金的室温轴向加载疲劳极限

品种	状态	理论应力集中系数 K_t	应力比 R	试验频率 f/Hz	循环次数 N/周次	疲劳极限 σ_D/MPa
单铸试棒	于 540℃保温 8h，空冷	1	0.1	130	10^7	490
		3	0.1	130	10^7	240

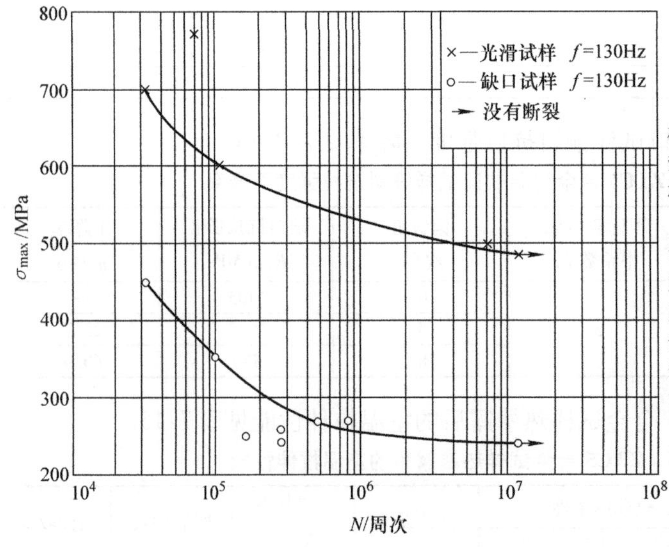

图 7-1　ZTC5 合金光滑和缺口试样室温轴向加载疲劳 $\sigma_{max}-N$ 曲线

2）ZTC5 合金的室温应力控制低周疲劳性能见表 7-19 和图 7-2。

表 7-19　ZTC5 合金的室温应力控制低周疲劳性能

品种	状态	温度 θ/℃	理论应力集中系数 K_t	应力比 R	试验频率 f/Hz	应力强度因子 K	最大应力 σ_{max}/MPa	循环次数 N/周次
单铸试棒	于 540℃保温 8h，空冷	20	2.3	0.1	0.17	0.7	980	1664
						0.5	700	10975
						0.3	420	>118463

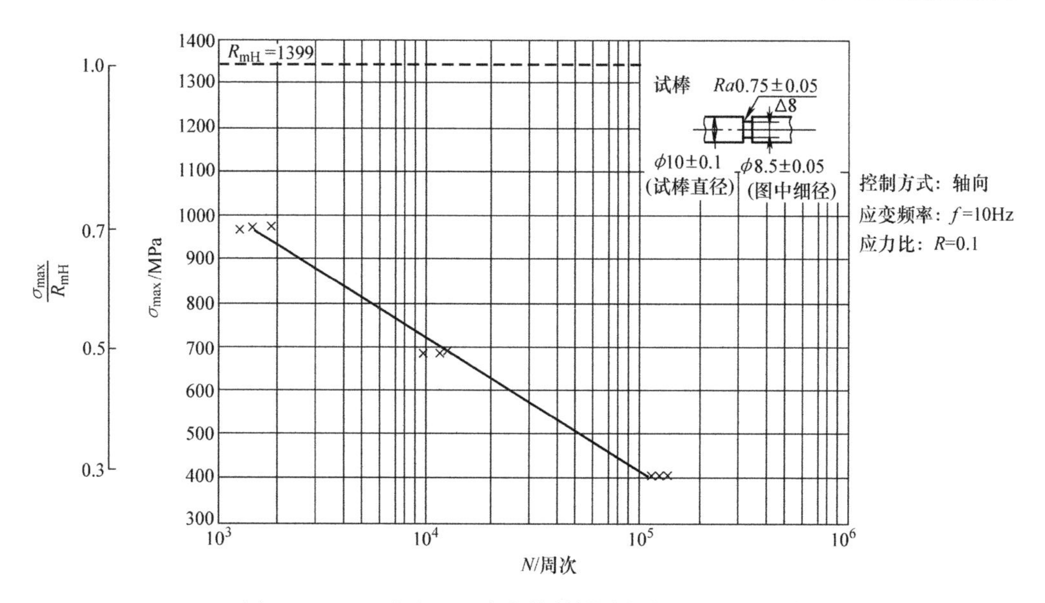

图 7-2　ZTC5 合金室温应力控制低周疲劳 $\sigma_{max}-N$ 曲线

（9）弹性性能

1）ZTC5 合金的弹性模量见表 7-20。

表 7-20　ZTC5 合金的弹性模量

品种	状态	温度 θ/℃	弹性模量 E/GPa
单铸试棒	于 540℃保温 8h，空冷	20	119.0
		300	97.6
		350	92.3

2）ZTC5 合金的剪切弹性模量见表 7-21。

表 7-21　ZTC5 合金的剪切弹性模量

品种	状态	温度 θ/℃	剪切弹性模量 G/GPa
单铸试棒	于 540℃保温 8h，空冷	20	44.1

3）ZTC5 合金的室温泊松比 μ = 0.35。

（10）断裂性能

1）ZTC5 合金的室温断裂韧度见表 7-22。

表 7-22　ZTC5 合金的室温断裂韧度

品种	状态	断裂韧度 K_{IC}/MPa · $m^{\frac{1}{2}}$
单铸试棒	铸态	76.6
	于 540℃保温 8h，空冷	73.2
精铸附铸试棒	热等静压①→于 580℃保温 8h，空冷	82.2

① 热等静压工艺：900℃，133MPa，2h，冷却速度为 32～34℃/min。

2）ZTC5 合金室温疲劳裂纹扩展速率 $da/dN-\Delta K$ 曲线如图 7-3 所示。

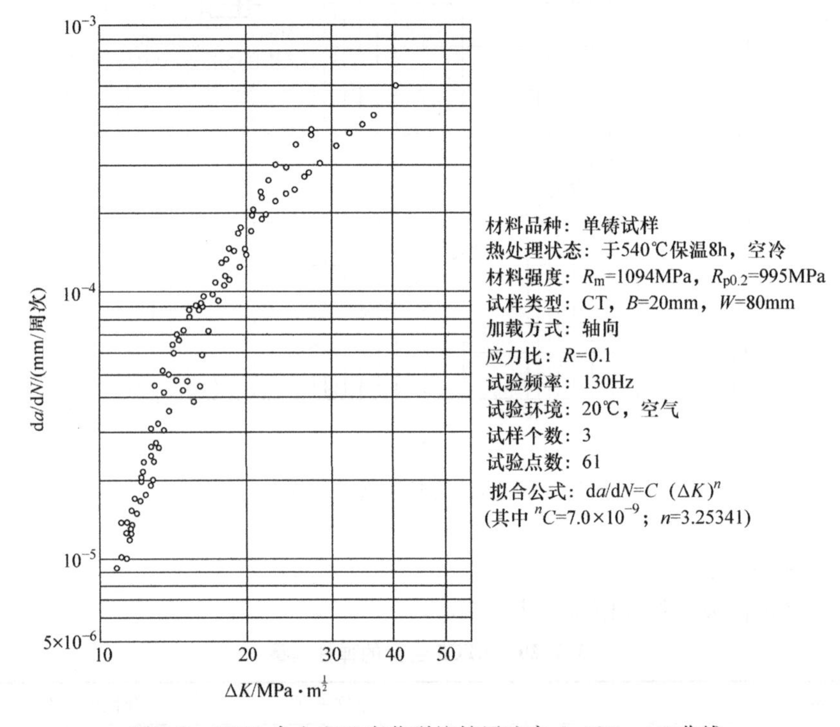

图 7-3　ZTC5 合金室温疲劳裂纹扩展速率 $da/dN-\Delta K$ 曲线

7.6　组织结构

1. 相变温度

ZTC5 合金 β⟷α + β 的转变温度为 940℃ ±10℃。

2. 组织结构

ZTC5 合金为马氏体型 α + β 两相合金，该合金在铸态和退火状态下为魏氏组织，由晶内片状 α 相和晶界 α 相组成，β 相存在于片状 α 相之间。图 7-4 所示为该合金的铸态显微组织。ZTC5合金经热等静压后，其显微组织要发生变化，其变化情况与ZTC4合金相同，如图7-5所示。

图7-4　ZTC5合金的铸态显微组织（×500）

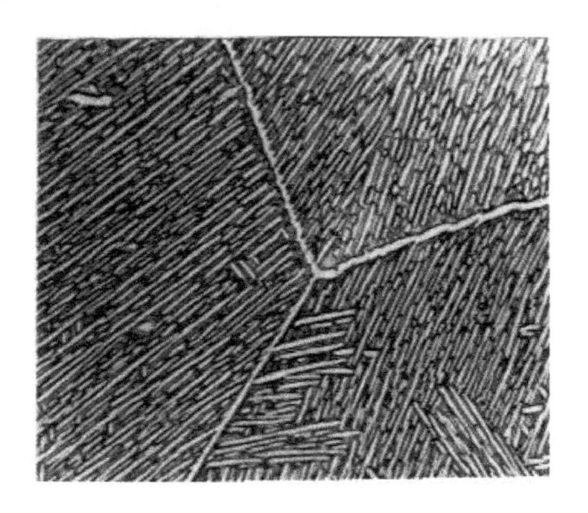

图7-5　ZTC5合金热等静压（900℃，133MPa，保温2h，炉冷）后的显微组织（×500）

7.7 工艺性能

1. 成形性能

ZTC5合金中含有Al、Sn、Cu等合金元素，具有良好的铸造性能，可以在适合浇注钛合金的各种铸型中浇注形状复杂的薄壁铸件，无热裂倾向。

2. 焊接性能

ZTC5合金的焊接性能良好，在真空氩弧焊箱中采用钨极氩弧焊焊接的接头和补焊点的强度与基体相当。焊接或补焊过的铸件必须进行去应力退火处理。

3. 热处理工艺

ZTC5合金铸件一般采用退火来消除应力，其退火工艺有两种，分别是于550～700℃保温2h，空冷或炉冷；于540～580℃±10℃保温8h，空冷。

航空、航天用的Ⅰ、Ⅱ类铸件或其他重要用途的铸件必须进行热等静压，热等静压工艺见7.3节。

4. 切削性能

ZTC5合金的切削性能与ZTC4合金相似。

7.8　功能考核试验

（1）静力试验件　为了考核ZTC5合金，选择了歼七Ⅲ机后减速板支臂铸件（见图7-6）作为静力试验件进行静力试验，测试ZTC5合金精铸后减速板支臂铸件附铸试样的室温力学性能，见表7-23。

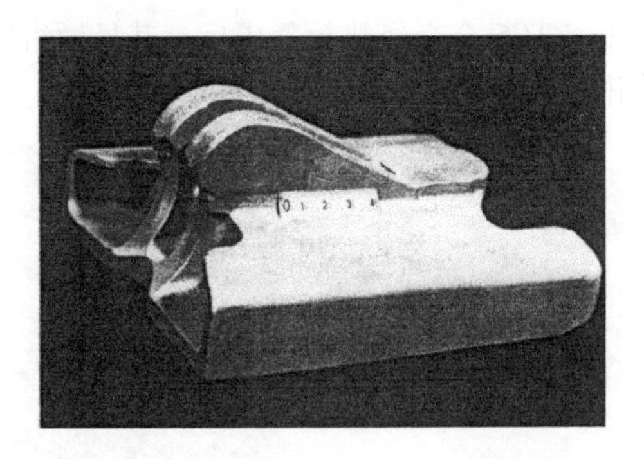

图 7-6　歼七Ⅲ机精铸后减速板支臂铸件

表 7-23　附铸试样的室温力学性能

品种	状态	抗拉强度 R_m/MPa	断后伸长率 A（%）	断面收缩率 Z（%）	疲劳极限 σ_D/MPa	冲击韧度 a_K/(J/cm²)	断裂韧度 K_{IC}/MPa·$m^{\frac{1}{2}}$	硬度 HBW
试棒	热等静压→于540℃保温 8h，空冷	1034	984	14.6	26.3	30.0	77.1	329
		1041	979	7.9	16.4	23.2	83.9	322
		1085	1060	8.8	16.3	24.5	79.6	326

（2）试验方案　后减速板支臂的转轴两插耳与专用夹具连接，其收放作动筒采用假件，假作动筒的一端连接后减速板，另一端连接在夹具上。后减速板的0°、10°、40°三种状态分别采用假作动筒的运动来实现，使后减速板在试验过程中始终在夹具上保持水平状态。后减速板夹具两端分别固定在两根 2.2m 的立柱上，立柱固定在地面上。0°状态用胶布带向上加载；10°、40°两种状态均用木块贴合后减速板蒙皮向下加载。

（3）试验结果　精铸后减速板按三种状态加载的试验结果见表 7-24。

表 7-24　精铸后减速板按三种状态加载的试验结果

测试项目	状态	加载角度 α/(°)	设计载荷 P_{sj}/kgf①	试验加载	后减速板状态
精铸后减速板支臂静力试验	Ⅰ	0	6920	67% P_{sj}，100% P_{sj}	无残余变形
	Ⅱ	10	45030	67% P_{sj}，100% P_{sj}	未破坏
	Ⅲ	40	54500	130% P_{sj}	未破坏

① 1kgf = 9.80665N。

试验结果验证，ZTC5 合金精铸后减速板支臂符合飞机静强度设计要求。

7.9　选材及应用

1. 应用概况与特殊要求

ZTC5 合金为高强度铸造钛合金，主要用于制造歼击机的静止构架、接头、支座等，以取代 30CrMnSiA、ZG27CrMnSiNi 等钢件，减轻飞机的重量。其中 ZTC5 合金支臂后减速板已装歼击机试用。用该合金铸造的铸件组织结构稳定，一般铸件只需较低温度的回复去应力退火处理即可使用。推荐选用 ZTC5 合金制造航空、航天工业的高强度异形结构件，但航空、航天工业应用的Ⅰ、Ⅱ类铸件必须经过热等静压。

2. 品种规格与供应状态

根据铸件的工作特性或用户要求，ZTC5 合金可以铸态、退火状态或热等静压处理状态的不同几何形状和尺寸的熔模精铸件、捣实（石墨）型铸件和机械加工石墨型铸件供应。

ZTC6合金

8.1 概述

ZTC6合金是美国研制的一种近α型耐热铸造钛合金，含有α稳定元素Al，中性元素Sn和Zr，以及β稳定元素Mo。Al、Sn和Zr的综合作用，可保持长时间持久和蠕变的高温强度；Mo能提高ZTC6合金的室温和高温抗拉强度。该合金的性能与俄罗斯的BT20Л十分相近，具有良好的综合性能和高温强度，在500℃下有良好的热稳定性，其最高工作温度可达550℃。由于该合金中含有强α稳定元素Al，固溶强化的中性元素Sn和Zr，以及β稳定元素Mo，故其具有一定的可热处理性，并具有较好的铸造性能和焊接性能，可用于制造500℃以下工作的机匣、支架和其他用途的各种异形结构件。目前，该合金在美国、西欧等国家和地区航天、航空工业中的用量仅次于ZTC4合金。

8.2 材料牌号与技术标准

1）ZTC6是合金代号，其相应的合金牌号是ZTiAl6Sn2Zr4Mo2。与ZTC6相近的国外牌号有Ti-6Al-2Sn-4Zr-2Mo（美国）。

2）相关的技术标准有GJB 2896A—2020《钛及钛合金熔模精密铸件规范》、《ZTC6铸造钛合金》。

3）GJB 2896A—2020、《ZTC6铸造钛合金》规定了ZTC6合金的化学成分，见表8-1。

表8-1 ZTC6合金的化学成分（质量分数） （%）

合金元素					杂质≤							
Al	Sn	Zr	Mo	Ti	Si	Fe	C	N	H	O	其他元素②	
											单个	总量
5.75~6.50	1.75~2.25	3.50~4.50	1.75~2.25	基体	0.13	0.12	0.10	0.05	0.0125	0.15	0.10①	0.30

① GJB 2896A—2020中无要求。

② 产品出厂时供方可不检验其他元素，用户要求并在合同中注明时可予以检验。

8.3　熔炼铸造与热处理

1. 熔炼铸造工艺

（1）熔炼工艺　根据铸件的用途和质量要求，采用在真空自耗电极电弧炉中经一次或两次熔炼而成的母合金铸锭，或在真空自耗电极电弧炉中经两次熔炼而成的大铸锭，以经开坯锻造去除表面氧化皮的棒料作为母合金电极，然后在真空自耗电极电弧凝壳炉中重熔铸造。

（2）铸造工艺　用上述的母合金锭作为自耗电极，在真空自耗电极电弧凝壳炉内重熔。根据浇注铸件的形状、尺寸和质量要求，采用重力铸造或离心铸造。正常情况下可采用重力铸造，当遇到很复杂且壁薄难以成形的铸件时，应采用离心铸造。铸型可根据铸件的结构特点、尺寸、生产数量和质量要求，采用熔模精密铸造型壳、捣实（砂）型和机械加工石墨型等。

2. 热处理工艺

（1）去应力退火　于 580～620℃保温 1～3h，空冷或炉冷。

（2）退火　于 700～800℃保温 1～2h，空冷或炉冷。

（3）热等静压　在 100～110MPa 氩气压力中，于 900℃ ±10℃保温 1.5～2h，随炉冷至 250℃以下出炉。

8.4　物理性能与化学性能

1. 物理性能

（1）热性能

1）ZTC6 合金的熔点为 1550℃ ±20℃。

2）ZTC6 合金的热导率见表 8-2。

表 8-2　ZTC6 合金的热导率

温度 θ/℃	92	185	300	404	493	602	697
热导率 λ/[W/(m · ℃)]	7.10	8.08	9.53	11.0	12.8	14.8	16.9

3）ZTC6 合金的比热容见表 8-3。

表 8-3　ZTC6 合金的比热容

温度 θ/℃	20～100	20～200	20～300	20～400	20～500	20～600
比热容 c/[J/(kg · ℃)]	552	599	602	602	602	607

4）ZTC6 合金的线胀系数见表 8-4。

表 8-4　ZTC6 合金的线胀系数

温度 θ/℃	20～100	20～200	20～300	20～400	20～500	20～600	20～700
线胀系数 α_l/(10^{-6}/℃)	9.18	9.43	9.63	9.80	9.97	10.11	10.39

（2）电性能　未测试。

（3）密度　ZTC6 合金的密度为 4.54g/cm^3。

（4）磁性能　ZTC6 合金无磁性。

2. 化学性能

（1）抗氧化性能　ZTC6 合金在 500℃以下有良好的抗氧化性。

（2）耐蚀性　ZTC6 合金在空气和海水中稳定，有较高的耐蚀性。

8.5　力学性能

1. 技术标准规定的力学性能

ZTC6 合金技术标准规定的力学性能见表 8-5。

表 8-5　ZTC6 合金技术标准规定的力学性能

技术标准	品种	状态	抗拉强度 R_m/MPa	条件屈服强度 $R_{p0.2}$/MPa	断后伸长率 A（%）	断面收缩率 Z（%）
			≥			
GJB 2896A—2020	附铸试样②	退火或热等静压①	860	795	5	10

① 航空、航天工业用的第Ⅰ、Ⅱ类铸件必须经过热等静压处理。

② 从铸件上切取试样的室温力学性能允许比附铸试样的性能低 5%。

2. 各种条件下的力学性能

（1）室温硬度　ZTC6 合金的室温硬度见表 8-6。

表 8-6　ZTC6 合金的室温硬度

品种	状态	硬度 HBW
机械加工石墨型离心铸造环形件上切取的试棒	铸态	296
	于 600℃保温 2h，空冷	300
	于 800℃保温 2h，空冷	295
	热等静压→于 800℃保温 2h，空冷	289

（2）拉伸性能

1）ZTC6 合金的室温拉伸性能见表 8-7。

表 8-7　ZTC6 合金的室温拉伸性能

品种	状态	抗拉强度 R_m/MPa	条件屈服强度 $R_{p0.2}$/MPa	断后伸长率 A（%）	断面收缩率 Z（%）
机加工石墨型离心铸造环形件上切取的试棒	铸态	899	817	7.9	17.9
	于 600℃保温 2h，空冷	885	806	7.8	20.5
	热等静压 900℃，110MPa，保温 1h，空冷	891	800	7.3	20.3
	热等静压→于 800℃保温 2h，空冷	885	816	8.2	18.1

2）ZTC6 合金在各种温度下的拉伸性能见表 8-8。

表 8-8 ZTC6 合金在各种温度下的拉伸性能

品种	状态	温度 θ/℃	抗拉强度 R_m /MPa	条件屈服强度 $R_{p0.2}$/MPa	断后伸长率 A（%）	断面收缩率 Z（%）
机械加工石墨型离心铸造环形件上切取的试棒	于 800℃保温 2h，空冷	20	898	824	8.2	21.1
		300	632	537	9.6	24.8
		400	597	501	11.4	29.7
		450	592	495	12.3	26.8
	铸态	500	562	475	11.1	34.6
	于 800℃保温 2h，空冷		568	475	10.7	30.3
	于 600℃保温 8h，空冷	500	597	—	10.4	28.7
	于 800℃保温 2h，空冷	550	560	470	13.2	33.7

（3）冲击韧度 ZTC6 合金的室温冲击韧度见表 8-9。

表 8-9 ZTC6 合金的室温冲击韧度

品种	状态	冲击韧度 a_K/(J/cm^2)
机械加工石墨型离心铸造环形件上切取的试棒	铸态	63.0
	于 600℃保温 2h，空冷	59.0
	于 800℃保温 2h，空冷	57.8
	热等静压→于 800℃保温 2h，空冷	58.2

（4）扭转与剪切性能

1）ZTC6 合金的室温扭转性能见表 8-10。

表 8-10 ZTC6 合金的室温扭转性能

品种	状态	抗扭强度 τ_m/MPa	规定塑性扭转强度 $\tau_{P0.3}$/MPa	规定塑性扭转强度 $\tau_{P0.01}$/MPa
机械加工石墨型离心铸造环形件上切取的试棒	于 800℃保温 2h，空冷	760	419	579

2）ZTC6 合金在各种温度下的剪切性能见表 8-11。

表 8-11 ZTC6 合金在各种温度下的剪切性能

品种	状态	室温	500℃
		抗剪强度 τ_b/MPa	抗剪强度 τ_b/MPa
机械加工石墨型离心铸造环形件上切取的试棒	于 800℃保温 2h，空冷	659	432

（5）应力集中　ZTC6 合金的室温缺口抗拉强度及缺口敏感系数见表 8-12。

表 8-12　ZTC6 合金的室温缺口抗拉强度及缺口敏感系数

品种	状态	理论应力集中系数 K_t	缺口抗拉强度 R_{mH}/MPa	缺口敏感系数 R_{mH}/R_m
机械加工石墨型离心铸造环形件上切取的试棒	于 800℃保温 2h，空冷	2.5	1394	1.56

（6）热稳定性

1）ZTC6 合金试样热暴露后的室温拉伸性能见表 8-13。

表 8-13　ZTC6 合金试样热暴露后的室温拉伸性能

品种	状态	热暴露条件		抗拉强度 R_m/MPa	条件屈服强度 $R_{p0.2}$/MPa	断后伸长率 A（%）	断面收缩率 Z（%）
		温度 θ/℃	时间 t/h				
机械加工石墨型离心铸造环形件上切取的试棒	于 600℃保温 2h，空冷	未暴露		930	858	9.5	23.9
		500	100	923	844	9.4	27.3

2）ZTC6 合金试样加应力热暴露后的室温拉伸性能见表 8-14。

表 8-14　ZTC6 合金试样加应力热暴露后的室温拉伸性能

品种	状态	热暴露条件			抗拉强度 R_m/MPa	条件屈服强度 $R_{p0.2}$/MPa	断后伸长率 A（%）	断面收缩率 Z（%）
		温度 θ/℃	抗拉强度 R_m/MPa	时间 t/h				
机械加工石墨型离心铸造环形件上切取的试棒	于 800℃保温 2h，空冷	未暴露			898	817	8.9	19.7
	于 600℃保温 8h，空冷	500	490	100	917	840	9.9	26.4
	热等静压→于 600℃保温 2h，空冷	500	490	100	885	—	6.4	15.8
	于 800℃保温 2h，空冷	450	350	100	887	817	7.1	21.2
		450	400	100	900	833	6.9	20.3
		500	300	100	900	834	7.6	20.3
		500	350	100	899	840	8.2	21.2
		500	400	100	905	855	8.2	18.4

（7）持久和蠕变性能

1）ZTC6 合金的高温持久性能见表 8-15。

表 8-15 ZTC6 合金的高温持久性能

品种	状态	温度 θ/℃	持久强度 σ_{100}/MPa
机械加工石墨型离心铸造环形件上切取的试棒	于800℃保温2h，空冷	450	560
	于600℃保温8h，空冷	500	490
	于800℃保温2h，空冷	500	510
	热等静压→于800℃保温2h，空冷	500	500

2）ZTC6 合金的高温蠕变性能见表 8-16。

表 8-16 ZTC6 合金的高温蠕变性能

品种	状态	温度 θ/℃	蠕变强度 $\sigma_{0.2/100}$/MPa
机械加工石墨型离心铸造环形件上切取的试棒	于800℃保温2h，空冷	500	250

（8）疲劳性能

1）ZTC6 合金的室温轴向加载疲劳极限（高周疲劳）见表 8-17。

表 8-17 ZTC6 合金的室温轴向加载疲劳极限（高周疲劳）

品种	状态	理论应力集中系数 K_t	应力比 R	试验频率 f/Hz	循环次数 N/周次	疲劳极限 σ_D/MPa
机械加工石墨型离心铸造环形件上切取的试棒	于800℃保温2h，空冷	1	0.1	150	10^7	360
	于800℃保温2h，空冷	3	0.1	150	10^7	260
	热等静压→于800℃保温2h，空冷	3	0.1	150	10^7	340

2）ZTC6 合金的室温应力控制低周疲劳性能见表 8-18。

表 8-18 ZTC6 合金的室温应力控制低周疲劳性能

品种	状态	理论应力集中系数 K_t	应力比 R	试验频率 f/Hz	应力强度因子 K	最大应力 σ_{max}/MPa	循环次数 N/周次
机械加工石墨型离心铸造环形件上切取的试棒	于800℃保温2h，空冷	2.4	0.1	0.17	0.4	474	106705
				0.17	0.5	593	34509
				0.17	0.6	712	8039
				0.17	0.7	830	330
	热等静压→于800℃保温2h，空冷	2.4	0.1	0.17	0.5	594	35433

（9）断裂性能　ZTC6 合金的室温疲劳裂纹扩展速率 $da/dN-\Delta K$ 曲线如图 8-1 所示。

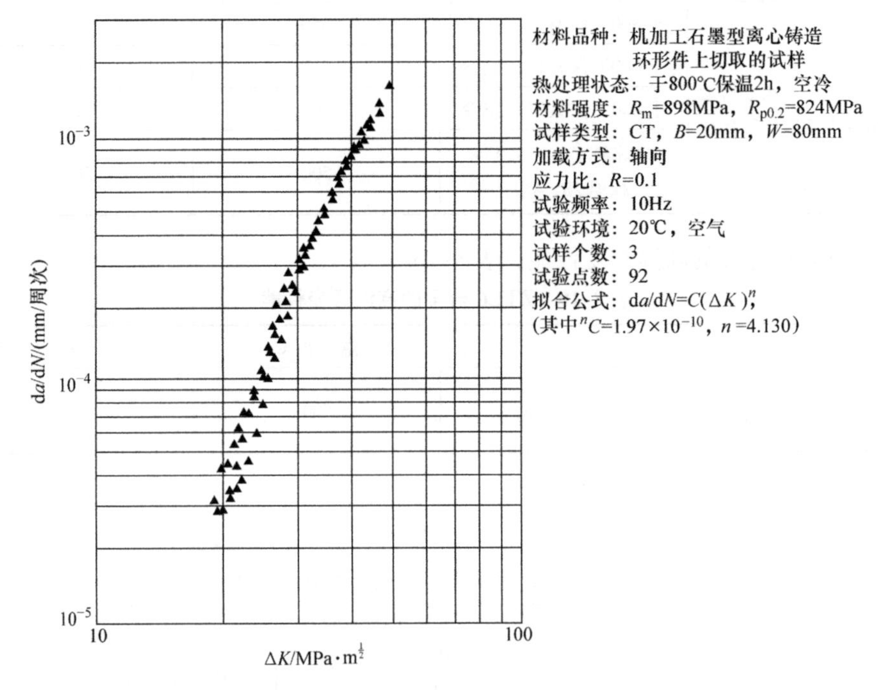

图 8-1　ZTC6 合金的室温疲劳裂纹扩展速率 $da/dN-\Delta K$ 曲线

8.6　相变温度与组织结构

1. 相变温度

ZTC6 合金 β→α+β 转变温度为 995℃ ±10℃。

2. 组织结构

铸造状态的 ZTC6 合金的显微组织具有粗大 α+少量 β 铸造钛合金的典型魏氏组织特征。ZTC6 合金 600~850℃退火状态和铸造状态的显微组织相比，无明显差异，其显微组织由相当粗大的针状 α 片和少量稳定的 β 相组成，而 β 相位于片状 α 的界面附近。由于钛合金溶液浇注后在铸型内冷却比较缓慢，部分片状 α 在 β 晶粒局部区域以基体的位相排列，形成所谓的集束结构。另外，在原始粗大的 β 晶粒边界上析出连续的 α 相（即晶界 α 相），其边缘为 β 相薄层。

8.7　工艺性能

1. 成形性能

ZTC6 合金含有 Al 和 Sn，有良好的铸造性能，易于成形，无热裂倾向。该合金可以在适宜浇注钛合金的铸型中铸造各种不同形状、尺寸、壁厚的异形结构件。

2. 焊接性能

ZTC6 合金具有良好的焊接性能，但接头的焊接和铸件的补焊应在氩弧焊箱中采用钨极氩弧焊技术进行。补焊后必须在 620℃下进行去应力退火。

3. 热处理工艺

（1）一般铸件热处理工艺　对于内部质量和性能要求一般的铸件，可以只采用普通退火或去应力退火。

（2）高端铸件热处理工艺　对于航空、航天工业用的Ⅰ、Ⅱ类铸件，或内部质量和性能要求高的铸件，必须进行热等静压，热等静压工艺见 8.3 节。必要时，还可在热等静压后再于 600 ~ 850℃下进行普通退火或去应力退火。

8.8　选材及应用

1. 应用概况与特殊要求

（1）应用概况　ZTC6 合金主要用于制造航空发动机工作部位温度比较高（400 ~ 550℃）的压气机机匣和其他的异形结构件。美国从 20 世纪 70 年代末期开始，采用该合金制造航空发动机高压压气机机匣以及其他异形结构件。建议采用 ZTC6 合金制造航空、航天装备上的各种异形结构件。

（2）特殊要求

1）氧含量的控制。氧含量的高低直接影响 ZTC6 合金的力学性能，随着合金中氧含量的增加，合金的强度增加，而塑性和冲击韧性下降。因此，在熔炼和铸造过程中应注意控制氧含量，最高不得超过 0.15%（质量分数）。

2）硅含量的控制。在一定硅含量的范围内，添加少量的硅，可以明显提高合金的强度和热稳定性，但加入量不宜过高，一般不大于 0.3%（质量分数），否则要析出 Ti_5Si_3 质点，致使合金脆化。

3）铸件供应状态的选择。航空、航天工业应用的Ⅰ、Ⅱ类铸件必须经过热等静压，一般用途铸件只需进行退火处理。

2. 品种规格与供应状态

根据铸件的工作特性或用户要求，ZTC6 合金可以铸态、退火状态或热等静压状态的不同形状、尺寸的熔模精铸件、捣实（砂）型铸件和机加工石墨型铸件供应。

第9章

美国铸造Ti-6Al-4V合金

9.1 概述

钛铸件在20世纪60年代初就实现了工业化生产，几十年来已生产了大量的如叶轮、支架、机匣、轮毂和轴承壳体等铸件，这些铸件大都用于航空航天工业。近年来，随着铸造技术和热等静压工艺的发展，已经开始生产大型复杂的航空航天结构件了，如铸造Ti－6Al－4V合金材料的中介机匣（见图9-1）。大量的Ti－6Al－4V合金铸件已被用作各种军用和民用飞机上的构件，其中用得最多的结构件是航空发动机中大型复杂薄壁整体铸造中介机匣和飞机机身中复杂薄壁结构件。

在同样（可比较的）的热处理状态下，铸造Ti－6Al－4V合金已达到与变形Ti－6Al－4V合金相同或相近的强度、塑性、持久和疲劳强度以及高温稳定性，在断裂韧度方面优于变形Ti－6Al－4V合金。铸造结构件与传统的组合结构件比较，其优点是消除了机械紧固连接，这样就可减轻结构件的重量，改善结构件的整体稳固性，提高其尺寸精度，减少结构件的加工成本和制造周期。

图9-1　铸造Ti－6Al－4V合金的中介机匣

Ti－6Al－4V合金铸件的补缩能力不如钢铸件，铸件内部容易出现气孔、缩孔，因而常须进行补焊。生产实践中获得的大量数据表明，补焊是可将铸件修复的，只要操作得当，补焊不会对铸件力学性能产生有害影响。但是，有明显补焊缺陷的铸件是要对力学性能产生有害影响的，像有这种严重缺陷的铸件通常应该报废。

9.2 材料牌号与技术标准

1）Ti-6Al-4V是合金牌号，相近的牌号有ZTiAl6V4（中国）、BT6Л（俄罗斯）、G-TiAl6V4（德国）。

2）相关的技术标准如下：SAE-AMS-T-81915A-2008《Titanium and Titanium-Alloy Castings，Investment》、ASTM B367-2013《Standard Specification for Titanium and Titanium Alloy Castings》、SAE-AMS 4991C-2002《Titanium Alloy Castings，Investment 6Al 4V Hot Isostatic Pressed，Anneal Optional》、SAE-AMS 4985E-2014《Titanium Alloy，Investment Castings 6Al-4V 130UTS，120YS，6% EL Hot Isostatically Pressed，Anneal Optional Or When Specified》、SAE-AMS 4962A-2013《Titanium Alloy，Investment Castings 6Al-4V Hot Isostatically Pressed》、GB/T 15073—2014《铸造钛及钛合金》、GB/T 6614—2014《钛及钛合金铸件》、GJB 2896A—2020《钛及钛合金熔模精密铸件规范》、HB 5447—1990《铸造钛合金》、HB 5448—2012《钛及钛合金熔模精密铸件规范》、GB/T 3620.2—2007《钛及钛合金加工产品化学成分允许偏差》、Q/12BY 2238—1998《航空发动机用ZTC4铸造钛合金第二、三级压气机机匣铸件技术条件》、ТУ 1-92-184-91《Сплавы титановые литейные. Марки》、ОСТ 1-90060-92《Отливки фасонные из титановых сплавов. Технические требования》、DIN29783—1983《航空与航天 钛及钛合金精密铸件 技术规范》。

3）技术标准规定的化学成分见表9-1。

表9-1 技术标准规定的化学成分（质量分数） （%）

技术标准	合金元素			杂质≤								
	Al	V	Ti	Fe	Si	Y	C	N	H	O	其他元素②	
											单个	总和
SAE-AMS 4985E-2014、SAE-AMS 4991C-2002	5.50~6.75	3.50~4.50	基体	0.30	—	0.005	0.10	0.05	0.015	0.20	0.10	0.40
SAE-AMS 4962A-2013	5.75~6.50	3.60~4.50		0.25	—	0.005	0.07	0.01~0.03	0.01	—	0.10	0.40
GB/T 15073—2014、GJB 2896A—2020、HB 5447—1990、HB 5448—2012和Q/12BY 2238—1998	5.5~6.8①	3.5~4.5		0.30①	0.15	—	0.10	0.05	0.015	0.20①	0.10	0.40

① GB/T 15073—2014规定 w_{Al} = 5.5%~6.75%，w_{Fe} ≤0.40%，w_{O} ≤0.25%；HB 5447—1990规定 w_{O} ≤0.15%。

② 产品出厂时供方可不检验其他元素，用户要求并在合同中注明时可予以检验。

9.3 熔炼铸造与热处理

1. 熔炼铸造工艺

（1）熔炼工艺　根据铸件的用途和质量要求，采用在真空自耗电极电弧炉中经一次或两次熔炼而成的母合金铸锭，或在真空自耗电极电弧炉中经两次熔炼而成的大铸锭，以经开坯锻造去除表面氧化皮的棒料作为母合金电极，然后在真空自耗电极电弧凝壳炉中重熔铸造。

（2）铸造工艺　用上述的母合金锭作自耗电极，在真空自耗电极电弧凝壳炉中重熔，根据浇注铸件的形状结构、尺寸、壁厚及重量，采用重力铸造或离心铸造。由于采用凝壳炉熔炼，钛合金金属液过热度低，补缩能力比铸钢差。当遇到很复杂薄壁难以成形结构件时，可以采用离心铸造。这样有利于金属液在较短时间内充满型腔和铸件补缩，减少铸件中的缺陷，改善铸件的性能，提高铸件的质量和可靠性。目前可用于浇注该合金的铸型有熔模特种氧化物面层陶瓷型壳、捣实（砂）型、机加工石墨型等。到底选用那种铸型浇注，应根据浇注铸件的形状结构、尺寸、壁厚和重量以及质量要求等因素综合比较确定。

2. 热处理工艺

（1）退火　通常是在真空或惰性气氛中于705～844℃下完成的。

（2）β退火　在真空中将合金加热到高于β转变点温度，于1021～1043℃下完成。

（3）固溶　固溶处理是在低于β转变点温度，大约于982℃下进行的，随后于538℃下时效，从而获得较高的拉伸性能，但塑性较低。

（4）热等静压　采用热等静压是为了保证消除铸件内部的气缩孔，其工艺为，在104MPa氩气压力中，于899～954℃下保温2～4h，随后在炉内氩气保护下冷却到合适温度出炉。

（5）β固溶→时效工艺　也有一些β固溶处理工艺如下：于1038℃下进行β固溶处理，随后于538～816℃下时效。采用这种工艺是为了消除各种不同铸造方法和补焊的影响，以获得高的合金性能。在β热处理过程中，为了控制铸件的尺寸，可以要求附加夹具。对于同种工艺生产的形状结构相同的铸件，用前面这种β固溶处理方法获得的力学性能与正常退火（工厂退火）铸件的性能没有出现很大的差别。

（6）铸件补焊后的去应力退火　补焊后的铸件通常在真空或惰性气氛中于732～844℃下进行消除应力退火。

9.4 物理性能与化学性能

1. 物理性能

(1) 热性能

1) 熔化温度范围为1538~1649℃。

2) 热导率：在204℃下为8.83W/(m·℃)。

3) 比热容：204℃下的比热容为573.6J/(kg·℃)，如图9-2所示。

4) 线膨胀系数为5.2×10^{-6}/℃。对退火状态下的Ti-6Al-4V合金在不同温度下的线膨胀系数进行了四次实验测试，如图9-3所示四条曲线。

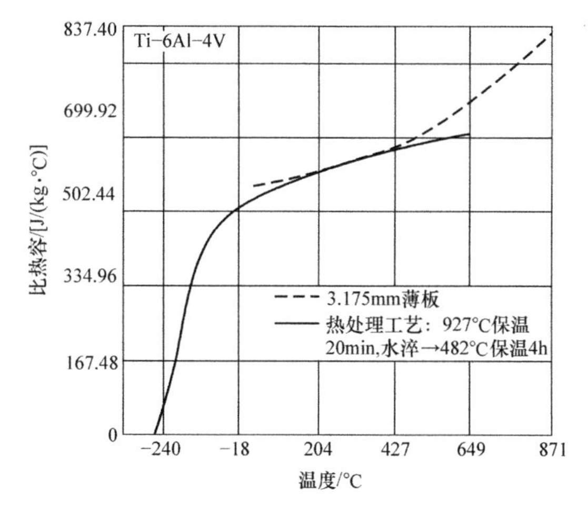

图9-2 Ti-6Al-4V合金的比热容

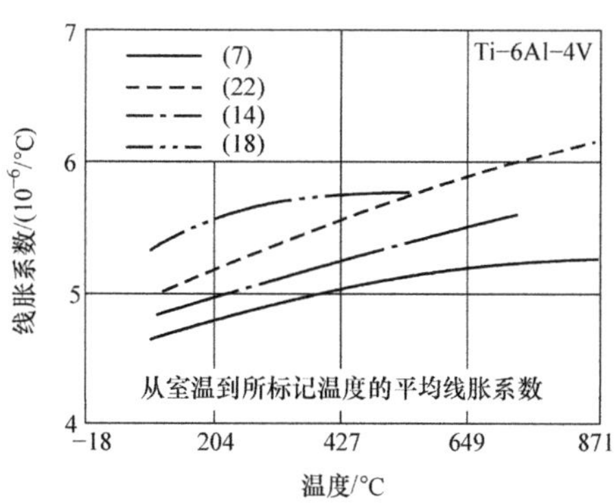

图9-3 退火状态下的Ti-6Al-4V合金的线膨胀系数

(2) 电性能 退火状态的Ti-6Al-4V合金的电阻率如图9-4所示。

(3) 密度 密度为4.46g/cm^3。

(4) 磁性能 Ti-6Al-4V合金是非磁性材料，其在20℃下的磁导率为79.62A/m。

(5) 辐射性能 Ti-6Al-4V合金的氧化表面和抛光表面的全频谱辐射和法向频谱辐射如图9-5所示。

2. 化学性能

(1) 耐蚀性 一般（正常）情况下，钛和钛合金具有很好的耐蚀性。

(2) 耐应力腐蚀性能 ASTM G39—2016标准的单侧切口悬臂梁试样疲劳预裂和在载荷下暴露于海水中的$K_{ISCC}=64.1\text{MPa}\cdot\text{m}^{\frac{1}{2}}$。

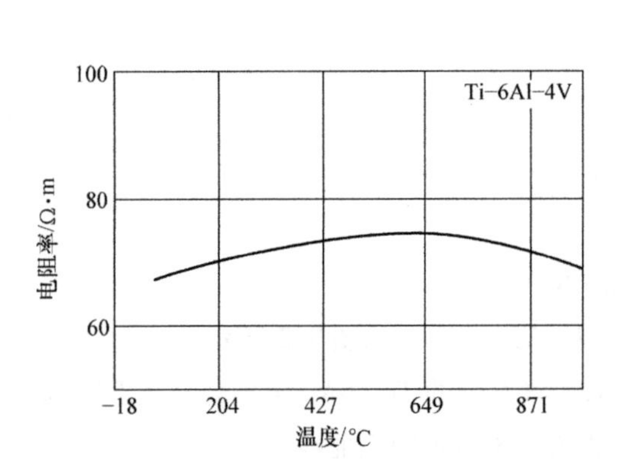

图 9-4　退火状态的 Ti－6Al－4V 合金的电阻率

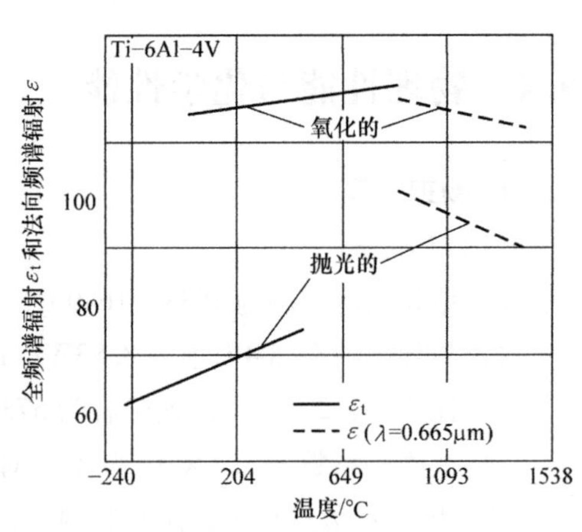

图 9-5　Ti－6Al－4V 合金的氧化表面和抛光表面的全频谱辐射 ε_t 和法向频谱辐射 ε

9.5　力学性能

1. 技术标准规定的力学性能

Ti－6Al－4V 合金技术标准规定的力学性能见表 9-2。

表 9-2　Ti－6Al－4V 合金技术标准规定的力学性能

力学性能	SAE－AMS 4985E—2014			SAE－AMS 4991C—2002			SAE－AMS 4962A—2013
	单铸试棒	铸件		单铸试棒	铸件		铸件
		指定区（关键区）	非指定区（非关键区）		指定区（关键区）	非指定区（非关键区）	
抗拉强度 R_m/MPa	897	897	862.5	897	897	876.3	862.5
条件屈服强度 $R_{p0.2}$/MPa	828	828	745.2	828	828	745.2	759
断后伸长率 A（%）	6	6	4.5	6	6	4.5	5.5

2. 各种条件下的力学性能

（1）硬度　Ti－6Al－4V 合金退火状态的硬度值为 311BHN（3000kg 载荷）。

（2）抗变形性能　两个炉次退火状态的环形铸件扇形块的典型应力－应变曲线如图 9-6 所示。

（3）拉伸性能

1）两个炉次退火状态环形铸件扇形块的拉伸性能（包括弹性模量）见表 9-3 和图 9-7。

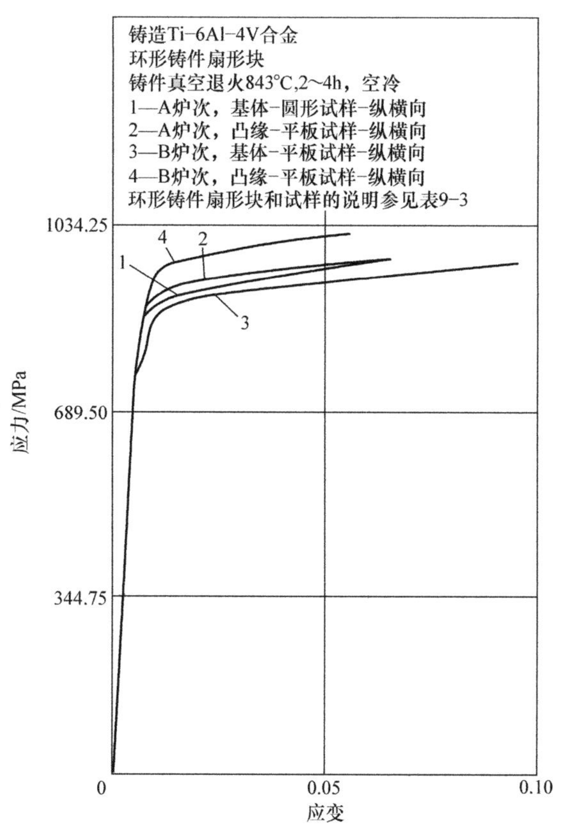

图 9-6　两个炉次退火状态下的环形铸件扇形块的典型应力 - 应变曲线

表 9-3　两个炉次退火状态环形铸件扇形块的拉伸性能（包括弹性模量）

合金	铸造 Ti - 6Al - 4V							
品种	环形铸件扇形块							
状态	843℃真空退火，保温 2 ~ 4h，空冷[①]							
—	A 炉				B 炉			
	数值范围[②]	平均值	铸件试验数量	试验总数	数值范围[②]	平均值	铸件试验数量	试验总数
基体 - 纵向，长横向和短横向间[③]								
抗拉强度 R_m /MPa	874. 2 ~ 959. 1	924. 6	3	23	855. 6 ~ 949. 0	915. 6	2	15
条件屈服强度 $R_{p0.2}$/MPa	748 ~ 825. 2	779. 7	3	22[④]	704. 5 ~ 792. 8	760. 4	2	15
弹性模量 E/GPa	105. 5 ~ 125. 5	115. 1	3	24	69 ~ 102. 7	111. 7	2	16
断后伸长率 $A_{25.4mm}$（%）	6. 0 ~ 9. 0	7. 3	3	23	4. 0 ~ 10. 0	7. 4	2	15
断面收缩率 Z（%）	13. 5 ~ 29. 6	20. 6	2	7	15. 8 ~ 32. 5	24. 6	2	16

（续）

合金	铸造 Ti - 6Al - 4V							
品种	环形铸件扇形块							
状态	843℃真空退火，保温 2 ~ 4h，空冷①							
—	A 炉				B 炉			
	数值范围②	平均值	铸件试验数量	试验总数	数值范围②	平均值	铸件试验数量	试验总数
凸缘 - 纵向								
抗拉强度 R_m/MPa	943.2 ~ 1008.8	980.5	3	10⑤	937 ~ 1020.5	974.3	3	18
条件屈服强度 $R_{p0.2}$/MPa	748 ~ 825.2	779.7	3	11	770 ~ 888	823.2	3	18
弹性模量 E/GPa	106.9 ~ 121.4	114.5	3	13	102.7 ~ 131.0	115.1	3	19
断后伸长率 $A_{25.4mm}$（%）	4.0 ~ 11.0	6.9	3	10⑤	4.0 ~ 14.0	7.8	3	17⑥
辐板 - 长横向								
抗拉强度 R_m /MPa	943.2 ~ 1032.2	981.2	3	9	966.7 ~ 1038.5	984.6	3	11
条件屈服强度 $R_{p0.2}$/MPa	786.6 ~ 912.2	839.7	3	9	768.7 ~ 903.2	823.2	3	11
弹性模量 E/GPa	107.6 ~ 118.6	115.8	3	9	110.3 ~ 122.0	115.1	3	11
断后伸长率 $A_{25.4mm}$（%）	4.0 ~ 10.0	7.0	3	9	4.0 ~ 11.0	7.5	3	11

① 整件退火。

② 除 Z 值单独用圆形试样测定外，其余全部数值是用平板试样测定的。

③ 未发现有方向性。

④ 有一个试验的负载 - 变形曲线未完成。

⑤ 一个试样断在标距以外。

⑥ 有一个试样未测出。

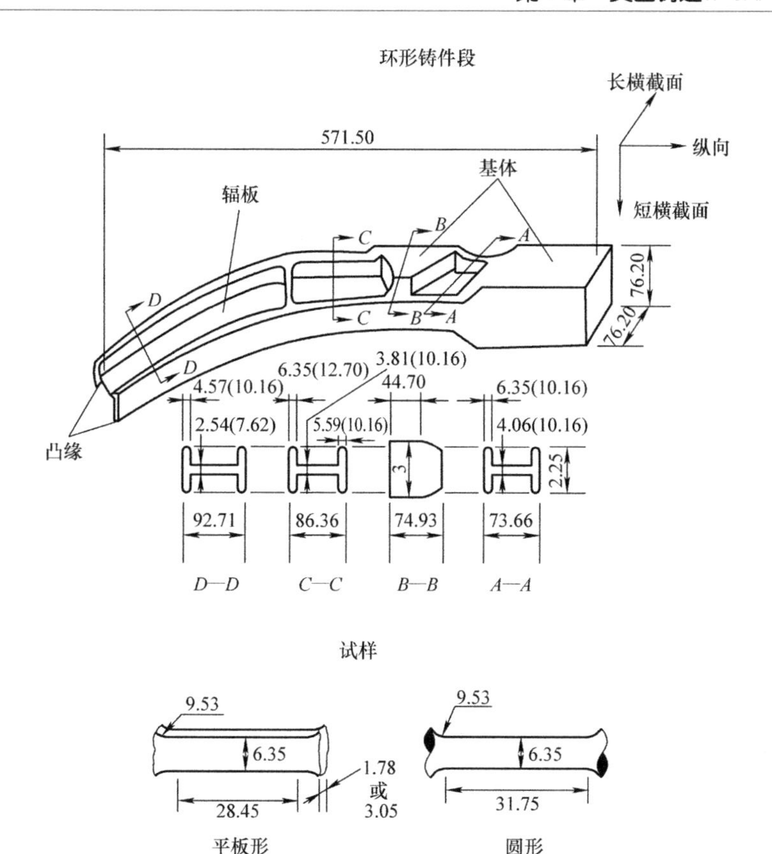

图 9-7　表 9-3 附图

注：1. 括弧之外的尺寸数值是凸缘和腹板铸造无余量试样的尺寸，括弧之内的尺寸数值是凸缘和腹板铸造有余量试样的尺寸。表中性能数据包括了这两种试样的测试数据。

2. 1in = 2.54cm。

2）从铸件上取样与附铸试样拉伸性能的比较见表 9-4。

表 9-4　从铸件上取样与附铸试样拉伸性能的比较

炉号	抗拉强度 R_m/MPa	条件屈服强度 $R_{p0.2}$/MPa	断后伸长率 A（%）（4D）	断面收缩率 Z（%）
8840① 炉号附铸试样	942.5	877.7	10.0	24.4
从 8840 炉号铸件取的试样②	921.8	857.0	12.2	21.1
8842① 炉号附铸试样	960.5	879.1	9.0	20.2
从 8842 炉号铸件取的试样②	921.2	856.3	9.9	18.2
8876① 炉号附铸试样	983.3	918.4	9.0	21.7
从 8876 炉号铸件取的试样②	939.8	875.6	12.5	16.6
9003① 炉号附铸试样	963.2	895.6	9.0	20.5
从 9003 炉号铸件取的试样②	938.4	867.3	11.8	17.3

① 附铸试样。

② 从铸件上取的试样。铸件为 965.2mm × 190.5mm × 6.4 ~ 34.5mm 的铰链组件和 279.4mm × 139.7mm × 3.6 ~ 6.6mm 的进气凸缘支座。铸件为熔模精铸件，并经热等静压，化学成分符合 SAE - AMS 4991C - 2002。

3）三种来源的铸造 Ti－6Al－4V 合金室温拉伸性能的比较见表 9-5。

表 9-5 三种来源的铸造 Ti－6Al－4V 合金室温拉伸性能的比较

室温拉伸性能	于 104MPa 氩气中，899℃下保温 2h 热等静压→732℃下保温 2h 退火		
	单铸试样 312 个试验试样的平均值	在试验零件上附铸的试样，1113 个试验试样的平均值	从铸件本体上机械加工出的试样，292 个试验试样的平均值
抗拉强度 R_m/MPa	908.0	886.7	851.5
条件屈服强度 $R_{p0.2}$/MPa	821.8	810.8	781.1
断后伸长率 A（%）	10.8	10.1	8.8
断面收缩率 Z（%）	20.8	22.2	16.6

4）Ti－6Al－4V 合金铸件的室温拉伸性能见表 9-6。

表 9-6 Ti－6Al－4V 合金铸件的室温拉伸性能

试样状态①和编号②		抗拉强度 R_m /MPa	条件屈服强度 $R_{p0.2}$/MPa	断后伸长率 A（%）（4 天）③	断面收缩率 Z（%）
状态	编号				
铸态	10E	1004.6	905.3	10.0	15.0
	10F	1010.9	900.5	10.5	19.0
	13B	1006.0	899.8	10.5	15.5
	15B	1010.2	905.3	11.0	15.5
	16D④	979.8	892.2	9.5	15.5
	平均	1001.9	900.5	10.5	15.6
	标准偏差	1.7	0.7	0.7	1.9
铸态→热等静压⑤	3D	952.9	863.9	12.5	17.5
	5D	954.3	871.5	11.0	18.5
	9C	957.0	866.0	14.0	18.5
	平均	955.0	867.3	12.5	18.2
	标准偏差	0.3	0.6	1.5	0.6
铸态，磨削→热等静压⑤	4C	956.3	870.1	13.0	19.0
	4D	953.6	868.7	10.0	15.0
	19E	967.4	886	14.0	19.0
	平均	959.1	874.9	12.3	17.7
	标准偏差	1.1	1.4	2.1	2.3

① 试样都经 704℃下退火 2h。试样为 20 个铸件分 5 炉次浇注，炉次编号如下：1－4 号铸件为第 1 炉；5－8 号铸件为第 2 炉。

② 9－12 号铸件为第 3 炉；13－16 号铸件为第 4 炉；17－20 号铸件为第 5 炉。英文字母表示试样在每个铸件中的位置：A 紧靠着 B，B 紧靠着 C 等。

③ 4D 表示试样的长度等于试样标距处直径的 4 倍。

④ 试样断在标距部分以外。

⑤ 热等静压工艺：104MPa，899℃，保温 2h。

注：虽然表中未说明热等静压对拉伸性能的有利影响，但正如 9.3 节中所指出那样，热等静压可以消除铸件中的缩孔，改善疲劳性能、持久性能和损伤容限性能，铸件重量 1.5kg。

5）500个炉次铸造Ti-6Al-4V合金试样经热等静压和退火后的拉伸性能数据的分布情况如图9-8所示。

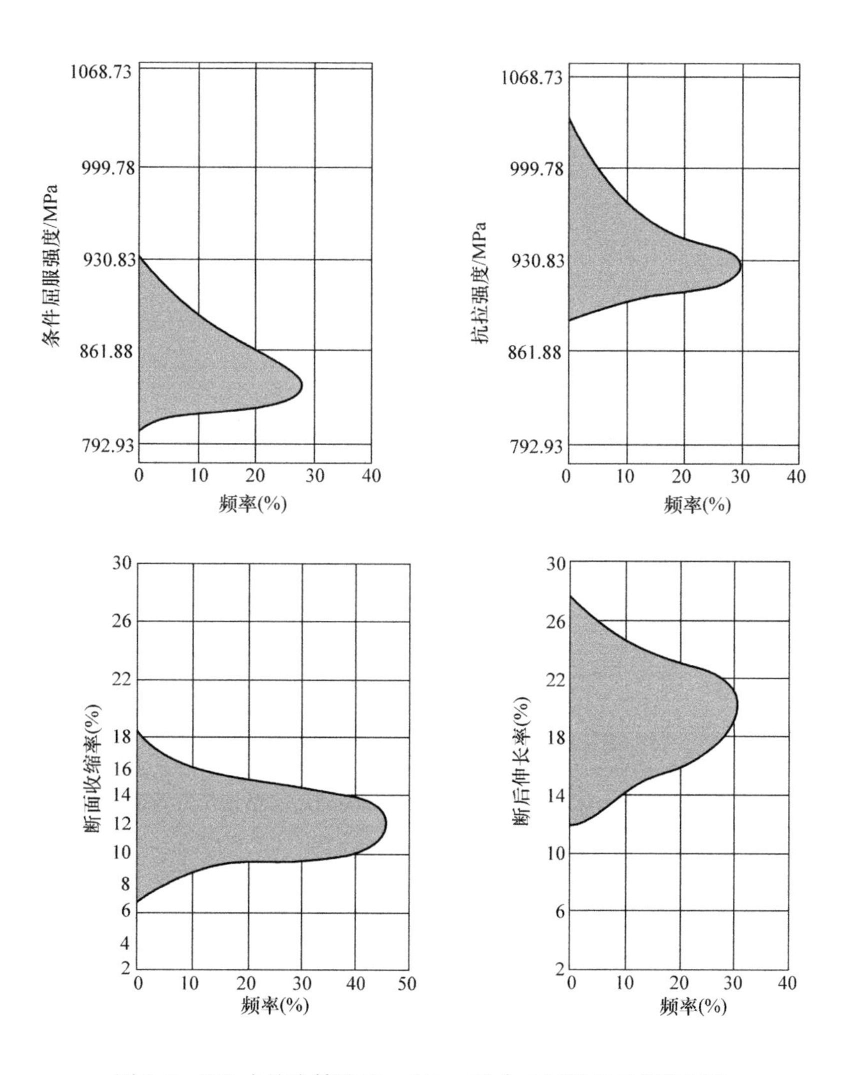

图9-8　500个炉次铸造Ti-6Al-4V合金试样经热等静压和退火后的拉伸性能数据的分布情况

6）5批Ti-6Al-4V合金炉料铸件在铸态和退火状态下拉伸性能的变化见图9-9。

7）铸造Ti-6Al-4V合金经两种热处理后室温拉伸性能的比较见表9-7。

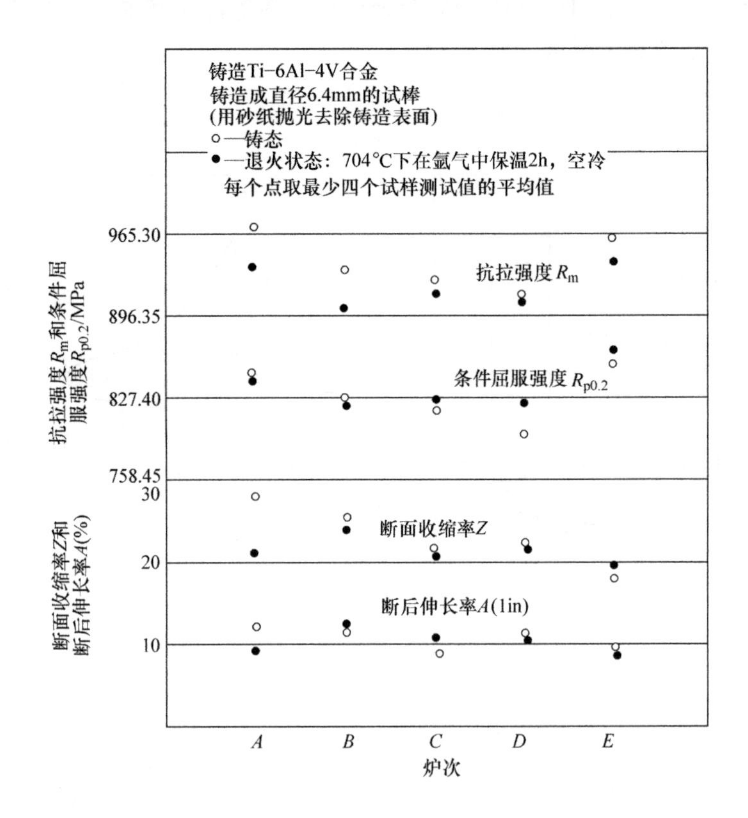

图 9-9　5 批 Ti－6Al－4V 合金炉料铸件在铸态和退火状态下拉伸性能的变化

表 9-7　铸造 Ti－6Al－4V 合金经两种热处理后室温拉伸性能的比较

性能	104MPa，899℃下热等静压→843℃下退火	104MPa，954℃下热等静压→954℃固溶处理风扇气冷→621℃时效
	136 个试验数值的平均值	79 个试验数值的平均值
抗拉强度 R_m/MPa	910.8	957.0
条件屈服强度 $R_{p0.2}$/MPa	814.9	861.1
断后伸长率 A（%）	11.8	9.6
断面收缩率 Z（%）	20.1	19.2

8）固溶处理温度对铸造尺寸试样固溶时效后拉伸性能的影响如图 9-10 所示。

9）固溶时效处理温度对压气机机匣铸件拉伸性能的影响见图 9-11。

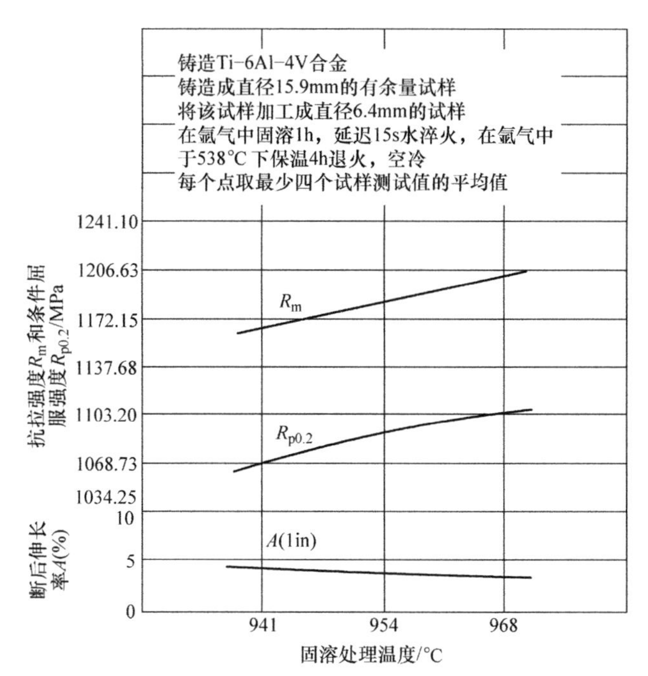

图 9-10　固溶处理温度对铸造尺寸试样固溶时效后拉伸性能的影响

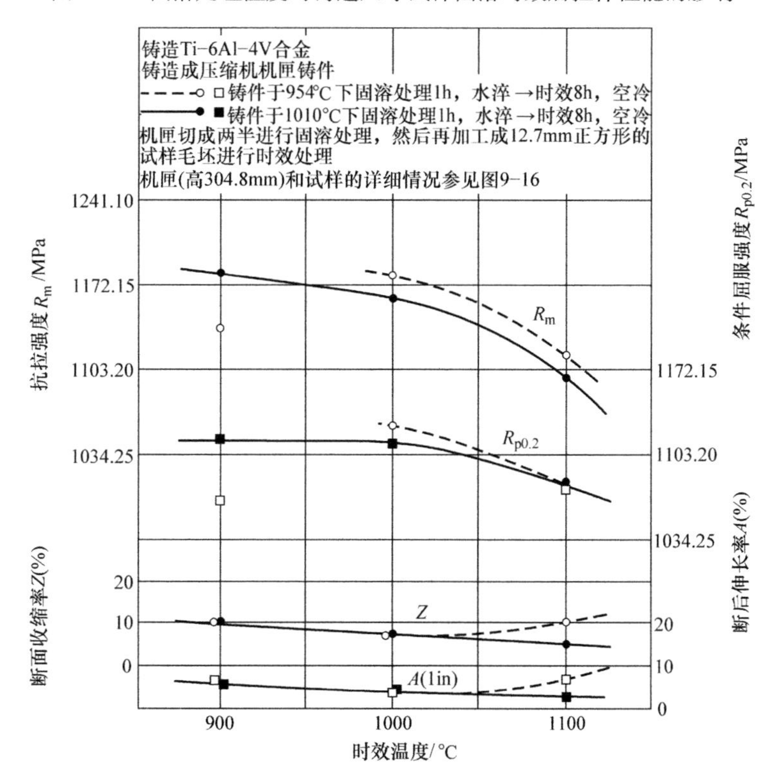

图 9-11　固溶时效处理温度对压气机机匣铸件拉伸性能的影响

10）时效温度对同一炉料 3 个压气机机匣拉伸性能的影响见图 9-12。

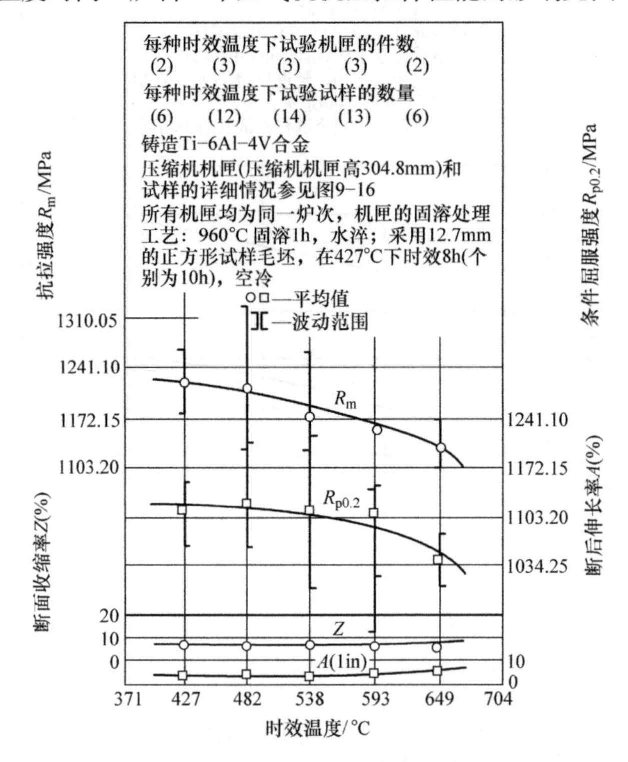

图 9-12　时效温度对同一炉料 3 个压气机机匣拉伸性能的影响

11）氧含量对铸造试样拉伸性能的影响见图 9-13。

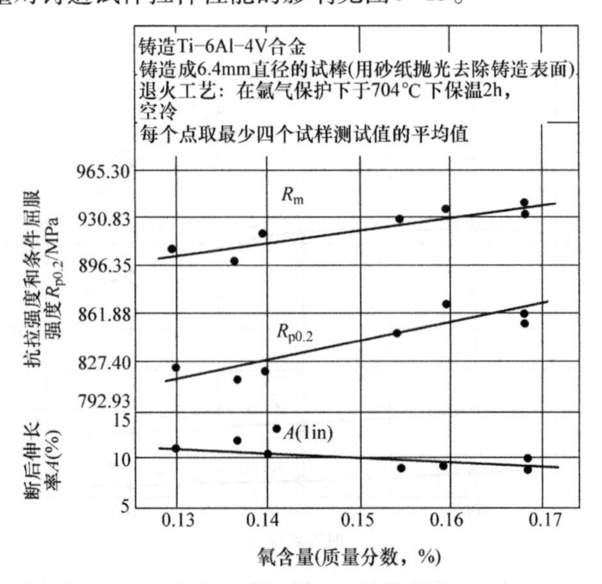

图 9-13　氧含量对铸造试样拉伸性能的影响

12）三家铸造厂提供的铸态、退火状态和固溶时效状态铸件的拉伸性能见表 9-8。

表 9-8　三家铸造厂提供的铸态、退火状态和固溶时效状态铸件的拉伸性能

合金	铸造 Ti－6Al－4V			
品种	精密铸件			
性能	室温拉伸性能			
	抗拉强度 R_m /MPa	条件屈服强度 $R_{p0.2}$/MPa	断后伸长率 $A_{25.4mm}$（%）	断面收缩率 Z（%）
1 号铸造厂①②				
铸态	959.1	876.3	6.1	15.2
退火状态③	924.6	869.4	6.6	21.6
固溶时效状态④	1117.8	1048.8	3.7	12.2
2 号铸造厂⑤⑥				
固溶时效状态④	1076.4	938.4	3.0	3.1
3 号铸造厂⑦⑧				
固溶时效状态④	1048.8	966	8.0	—

① 铸件重量为 4.5kg，壁厚为 5.1～50.8mm，从铸件最厚与最薄部分的任意方向上选取直径 3.2mm 的试样。

② 每个数值至少为 4 个试验数据的平均值。

③ 整件退火，退火工艺：于 704℃保温 2h，空冷。

④ 整件固溶时效处理，其工艺：于 954℃保温 25min，水淬→于 538℃保温 4h，空冷。

⑤ 铸件重量为 0.45kg，靠近取样部位的壁厚为 10.2mm，试样直径为 6.4mm，全部试样的取向与铸件几何形状一致。

⑥ 每个数值为 4 个试验数据的平均值。

⑦ 铸件重量为 0.45kg，壁厚 10.92mm，试样直径为 6.4mm，所有试样取自平行铸件纵轴方向。

⑧ 每个数值为 3 个试验数据的平均值。

注：每个铸造厂都采用各自厂内的炉料。

13）固溶退火状态和两种固溶时效状态的典型拉伸性能见表 9-9。

表 9-9　固溶退火状态和两种固溶时效状态的典型拉伸性能

合金	铸造 Ti－6Al－4V		
品种	精密铸件		
状态	固溶处理→退火①（a）	固溶处理→时效	
		处理一②	处理二③
抗拉强度 R_m/MPa	1010.85	1163.3	1069.5
条件屈服强度 $R_{p0.2}$/MPa	924.6	1050.9	969.5
断后伸长率 A（%）（4 天）	7.5	4.0	6.3
断面收缩率 Z（%）	11.9	8.0	12.7

① 氩气保护 732℃，1h，迟滞淬火 15s，水淬，→氩气保护 704℃，2h，空冷。

② 氩气保护 954℃，1h，迟滞淬火 15s，水淬→氩气保护 538℃，4h，空冷。

③ 氩气保护 899℃，1h，迟滞淬火 15s，水淬→氩气保护 538℃，4h，空冷。

14）时效温度对铸造尺寸试样拉伸性能的影响见表 9-10。

表 9-10 时效温度对铸造尺寸试样拉伸性能的影响

合金		铸造 Ti－6Al－4V			
品种		铸造尺寸试样①			
状态		氩气保护 941℃，1h，迟滞淬火 15s，水淬→时效			
时效		室温拉伸性能②			
温度/℃	时间/h	抗拉强度 R_m/MPa	条件屈服强度 $R_{p0.2}$/MPa	断后伸长率 A（%）（4 天）	断面收缩率 Z（%）
510	2	1234.4	1126.8	3.0	5.1
538	4	1195.8	1106.8	3.7	5.0
593	4	1173	1091.6	4.4	6.1

① 毛坯直径 15.9mm 的铸造试样机械加工成直径 6.4mm 的试样。

② 每个数值为 2 个试验的平均值。

15）补救（改性）热处理对退火状态低氧铸造尺寸试样拉伸性能的影响见表 9-11。

表 9-11 补救（改性）热处理对退火状态低氧铸造尺寸试样拉伸性能的影响

合金	铸造 Ti－6Al－4V			
品种	铸造尺寸试样			
氧含量（质量分数,%）	热处理工艺	室温拉伸性能①		
		抗拉强度 R_m/MPa	条件屈服强度 $R_{p0.2}$/MPa	断后伸长率 A（%）（4 天）
0.113～0.116	退火② 补救（改性）热处理③	903.9 992.9	817 908.0	11.5 83
0.118～0.124	退火② 补救（改性）热处理③	912.9 1024	823.9 944.6	10.7 8.1

① 每个数值为 6 个炉次母合金，8 个试验数据的平均值。

② 于 704℃保温 2h，空冷。

③ 于 954℃保温 1h，水淬→于 704℃保温 2h，空冷。

16）在高温下加载暴露对退火状态压气机机匣铸件拉伸性能的影响见表 9-12。

表9-12　在高温下加载暴露对退火状态压气机机匣铸件拉伸性能的影响

合金			铸造 Ti-6Al-4V			
品种			压气机铸件或机匣①			
状态			于704℃保温2h退火，空冷②			
试样暴露情况			暴露后的室温拉伸性能③④			
温度/℃	应力/MPa	时间/h	抗拉强度 R_m/MPa	条件屈服强度 $R_{p0.2}$/MPa	断后伸长率 $A_{25.4mm}$（%）	断面收缩率 Z（%）
未暴露平均值			992.9	903.9	9.4	15.5
波动范围			1114.4～962.6	987.4～872.9	12.0～4.0	20.3～7.9
371.1	621	529.3	1025.3	1010.9	3.0	4.0
371.1	586.5	528.0	1054.3	1022.6	4.0	7.2
371.1	586.5	1510.0	1070.2	1067.4	2.0	8.2
371.1	552	1603.0	1054.3	1017.1	7.0	12.6
482.2	310.5	500.0	1056.4	1036.4	6.0	8.9

① 压气机机匣（高度508mm）和试样的详情参见图9-16。

② 机匣整件退火。

③ 暴露后的试样表面不能修整。

④ 未暴露试样的值是15个试验的平均值，暴露试样的值是各个试验的值。

17）几种固溶时效处理状态的铸造Ti-6Al-4V合金的拉伸性能见表9-13。

表9-13　几种固溶时效处理状态的铸造Ti-6Al-4V合金的拉伸性能

状态	抗拉强度 R_m/MPa（平均值）	条件屈服强度 $R_{p0.2}$/MPa（平均值）/MPa	断后伸长率 A（%）（平均值）	断面收缩率 Z（%）（平均值）	试样数量/个
①	959.1	841.8	11	19	6
②	1055.7	924.6	7	13	6
③	1048.8	938.4	7	12	6
④	1007.4	897.0	8	12	⑤
⑤	1035.0	924.6	8	15	5
⑥	1055.7	931.5	9	15	6
⑦	1021.2	931.5	8	12	6
⑧	1035.0	938.4	6	13	6

① 比较标准（未经固溶时效处理）。

② 1027℃固溶处理0.5h，水淬，816℃时效24h，空冷。

③ 1027℃固溶处理0.5h，油淬，816℃时效24h，空冷。

④ 1027℃固溶处理0.5h，风扇气冷，816℃时效24h，空冷。

⑤ 1027℃固溶处理0.5h，风扇气冷，621℃时效2h，空冷。

⑥ 1027℃固溶处理0.5h，风扇气冷，538℃时效8h，空冷。

⑦ 954℃固溶处理1h，风扇气冷，621℃时效2h，空冷。

⑧ 954℃固溶处理1h，风扇气冷，538℃时效8h，空冷；β转变温度估计为996℃；全部试样经104MPa，899℃，保温2h热等静压。

18）热处理对铸造→热等静压 Ti－6Al－4V 合金和变形 Ti－6Al－4V 合金室温（21℃）拉伸性能的影响如图 9-14 所示。

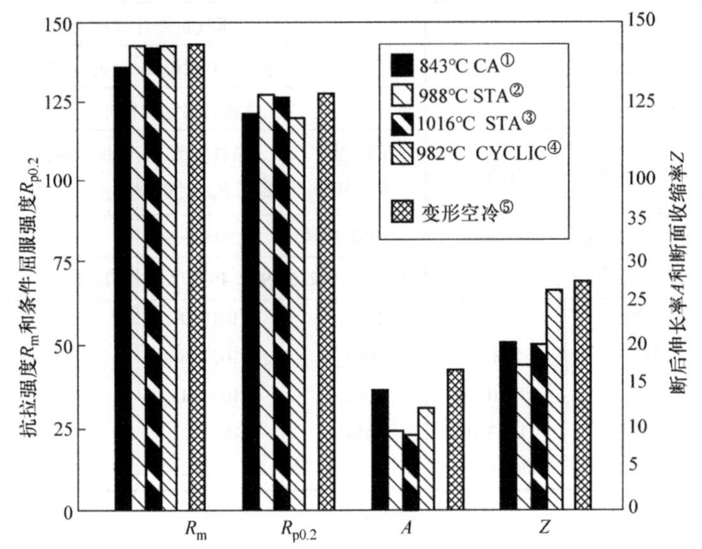

图 9-14　热处理对铸造→热等静压 Ti－6Al－4V 合金和变形 Ti－6Al－4V 合金室温（21℃）拉伸性能的影响

① 843℃ CA—843℃空冷，真空中于 843℃下普通退火 2h，风扇冷却。

② 988℃ STA—988℃固溶时效，在低于 β 转变温度下固溶时效处理，即在真空中于 988℃下固溶处理 1h，然后以相当于空冷的速度用惰性气体风扇冷却。

③ 1016℃ STA—1016℃下固溶时效在高于 β 转变温度下固溶时效处理，即在真空中于 1016℃下固溶处理 1h，气体风扇冷却→在真空中于 538℃下时效 8h，气体风扇冷却。

④ 982℃ CYCLIC—982℃循环热处理，在低于 β 转变温度下循环热处理，即在真空中于 982℃下保温 10min，气体风扇冷却到 538℃保温 10min，然后在真空中加热到 982℃这样循环 6 次，最后用气体风扇空冷到 21℃。

⑤ 变形空冷（WroughtCA）即变形产品于 843℃下普通退火 2h，然后空冷。

19）两种热处理状态的铸造 Ti－6Al－4V 合金的拉伸性能见表 9-14。

表 9-14　两种热处理状态的铸造 Ti－6Al－4V 合金的拉伸性能

品种	Ti－6Al－4V 合金熔模铸造毛坯试样尺寸：ϕ15.9mm×长度 127mm 化学成分符合 SAE AMS 4992B—2014 标准要求					
性能	试样编号	抗拉强度 R_m/MPa（平均值）	条件屈服强度 $R_{p0.2}$/MPa（平均值）	断后伸长率 A（%）（平均值）	断面收缩率 Z（%）（平均值）	弹性模量 E/GPa
843℃下 2h，气体炉冷	1	890.1	—	—	22	—
	2	917.7	841.8	10	19	124.1
	3	945.3	862.5	7	22	124.1
	平均	931.5	855.6	9	21	124.1

（续）

品种	Ti－6Al－4V 合金熔模铸造毛坯试样尺寸：ϕ15.9mm×长度 127mm 化学成分符合 SAE AMS 4992B－2014 标准要求					
性能	试样编号	抗拉强度 R_m/MPa（平均值）	条件屈服强度 $R_{p0.2}$/MPa（平均值）	断后伸长率 A（%）（平均值）	断面收缩率 Z（%）（平均值）	弹性模量 E/GPa
1027℃下β固溶处理30min→621℃下时效2h，空冷	1	979.8	883.2	10	20	124.1
	2	1000.5	910.8	9	16	117.2
	3	1007.4	917.7	9	15	117.2
	平均	993.6	903.9	9	17	117.2

20）在288℃下无负载暴露1000h对两个炉次退火状态环形铸件扇形块拉伸性能的影响见表9-15。

表9-15 在288℃下无负载暴露1000h对两个炉次退火状态环形铸件扇形块拉伸性能的影响

合金	铸造 Ti－6Al－4V					
品种	环形铸件扇形块①					
状态	真空中843℃下退火2～4h，空冷②					
铸件编号	试样方位③	室温拉伸性能				
		暴露情况	抗拉强度 R_m/MPa	条件屈服强度 $R_{p0.2}$/MPa	弹性模量 E/GPa	断后伸长率 $A_{25.4mm}$（%）
基体①——A炉						
1	长横向	未暴露	928.7	821.1	106.2	8.0
1	长横向	未暴露	934.3	759.0	113.8	9.0
1	长横向	暴露④	928.1	848.7	117.9	3.0
2	短横向	未暴露	874.2	763.8	114.5	8.0
2	短横向	未暴露	955.0	⑤	⑤	9.0
2	短横向	暴露④	970.8	863.2	115.8	7.0
基体①——B炉						
1	长横向	未暴露	937.7	776.9	110.3	9.0
1	长横向	未暴露	908.0	748.7	120.7	6.0
1	长横向	暴露④	1017.1	861.1	115.8	8.0
2	短横向	未暴露	896.3	715.5	102.7	10.0
2	短横向	未暴露	943.2	772.8	104.8	7.0
2	短横向	未暴露	948.8	792.1	110.3	4.0
2	短横向	暴露④	995.7	858.4	113.8	9.0

（续）

合金	铸造 Ti-6Al-4V					
品种	环形铸件扇形块①					
状态	真空中 843℃下退火 2~4h，空冷②					
铸件编号	试样方位③	室温拉伸性能				
		暴露情况	抗拉强度 R_m/MPa	条件屈服强度 $R_{p0.2}$/MPa	弹性模量 E/GPa	断后伸长率 $A_{25.4mm}$（%）
凸缘①——A 炉						
1	长纵向	未暴露	972.2	801.8	117.2	5.0
1	长纵向	未暴露	971.5	799.0	112.4	7.0
1	长纵向	未暴露	943.2	772.1	111.7	6.0
1	长纵向	未暴露	964.6	785.2	113.1	6.0
1	长纵向	未暴露	—	—	120.7	—
1	长纵向	未暴露	983.9	834.9	114.5	6.0
1	长纵向	暴露④	1008.1	917.7	117.9	5.0
2	长纵向	未暴露	988.8	832.8	119.3	9.0
2	长纵向	未暴露	—	—	112.4	—
2	长纵向	未暴露	1008.8	892.2	113.8	11.0
2	长纵向	暴露	1032.9	906.7	120.7	4.0
凸缘①——B 炉						
1	长纵向	未暴露	962.6	799.0	115.1	6.0
1	长纵向	未暴露	958.4	784.5	115.8	7.0
1	长纵向	未暴露	990.8	812.8	115.8	10.0
1	长纵向	未暴露	946.0	770.0	104.8	7.0
1	长纵向	未暴露	995.7	814.9	113.1	6.0
1	长纵向	未暴露	969.5	812.8	112.4	10.0
1	长纵向	未暴露	—	—	122.0	—
1	长纵向	未暴露	988.8	852.2	131.0	8.0
1	长纵向	未暴露	980.5	857.0	113.1	6.0
1	长纵向	未暴露	955.7	778.3	122.0	8.0
1	长纵向	未暴露	983.3	888.0	102.7	4.0
1	长纵向	暴露④	1023.3	897.7	117.2	9.0
2	长纵向	未暴露	967.4	803.9	118.6	10.0
2	长纵向	未暴露	991.5	843.9	110.3	12.0
2	长纵向	未暴露	960.5	827.3	115.1	14.0
2	长纵向	未暴露	937.0	812.1	113.1	7.0
2	长纵向	未暴露	980.5	874.2	116.5	⑥
2	长纵向	暴露④	1023.3	897.7	121.4	6.0

① 环形铸件扇形块的详细说明参见表 9-3。
② 整件退火。
③ 试样的形状（平板状）和方位参见表 9-3。
④ 177℃下暴露 1000h。
⑤ 负载-变形曲线不完全。
⑥ 读数不清。

21）β 退火与普通（工厂）退火相比对复杂铸件室温拉伸性能的影响见表 9-16和图 9-15。

表 9-16　β 退火与普通（工厂）退火相比对复杂铸件室温拉伸性能的影响

热处理工艺	1038℃下 β 退火→843℃下时效	843℃下普通（工厂）退火
抗拉强度 R_m/MPa	897 ~ 993.6	897 ~ 931.5
条件屈服强度 $R_{p0.2}$/MPa	828 ~ 883.2	779.7 ~ 855.6

由同一铸造厂提供的两件铸件，每个铸件都进行了大片的有计划的补焊，其中一件铸件是在 899℃下热等静压，随后于 843℃下退火；另一件铸件先在 899℃下热等静压，随后于 1038℃下进行 β 退火→843℃下时效，如图 9-15 所示。

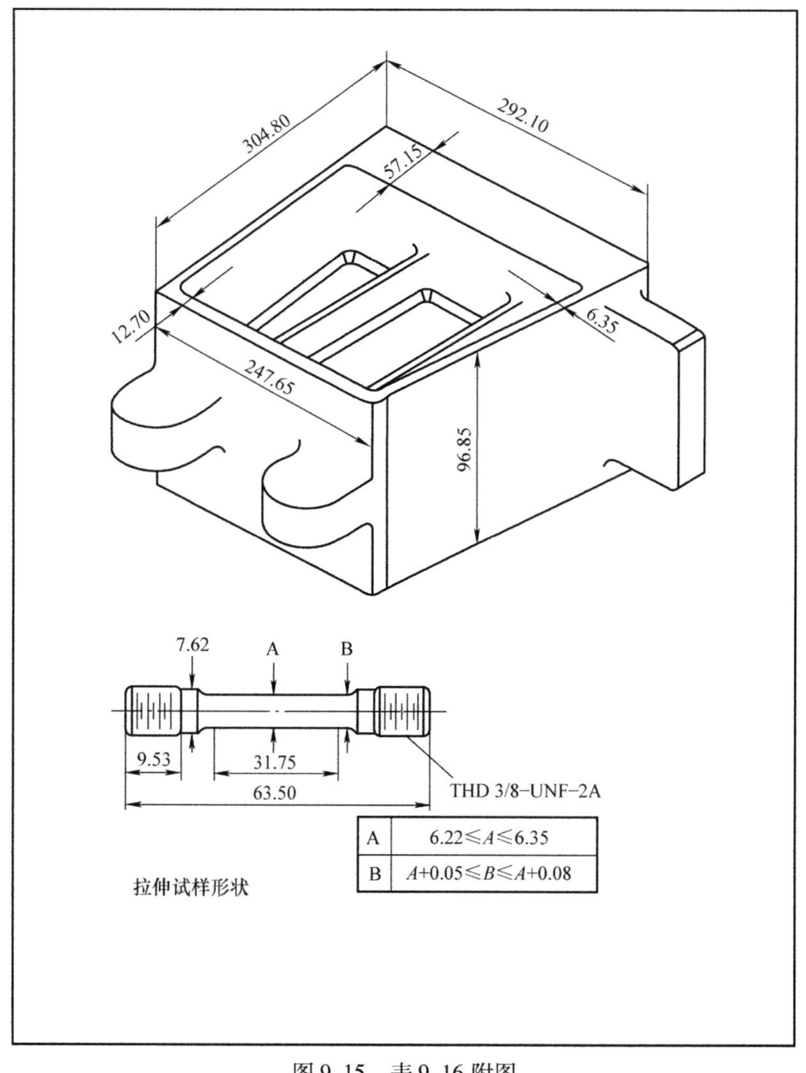

图 9-15　表 9-16 附图

22）试验温度对三个炉次五个退火状态压气机机匣铸件拉伸性能的影响如图9-16所示。

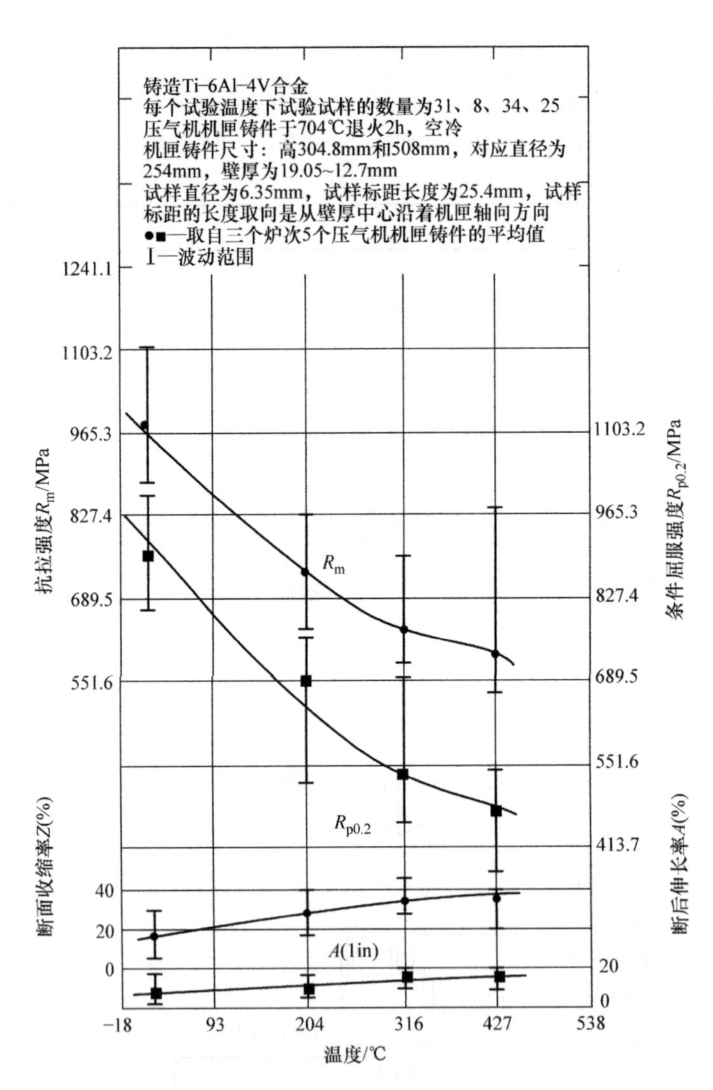

图9-16　试验温度对三个炉次五个退火状态压气机机匣铸件拉伸性能的影响

23）试验温度对两个炉次退火状态的压气机机匣铸件加工成的试样和铸造尺寸试样拉伸性能的影响如图 9-17 所示。

24）试验温度对两个炉次退火状态环形铸件扇形块拉伸性能的影响如图 9-18 所示。

25）两家铸造厂的正常（标准）成分 Ti－6Al－4V 合金和低间隙元素 Ti－6Al－4V 合金熔模精铸件的室温和低温拉伸性能见表 9-17。

26）试验温度对正常（标准）成分 Ti－6Al－4V 合金和低间隙元素 Ti－6Al－4V 合金铸件抗拉强度的影响如图 9-19 所示。

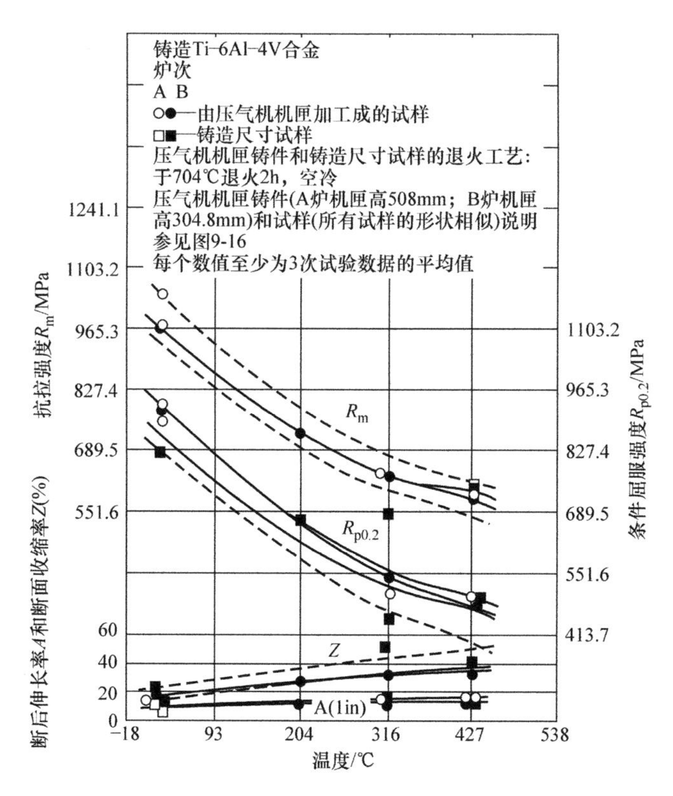

图 9-17　试验温度对两个炉次退火状态的压气机机匣铸件加工成的试样和铸造尺寸试样拉伸性能的影响

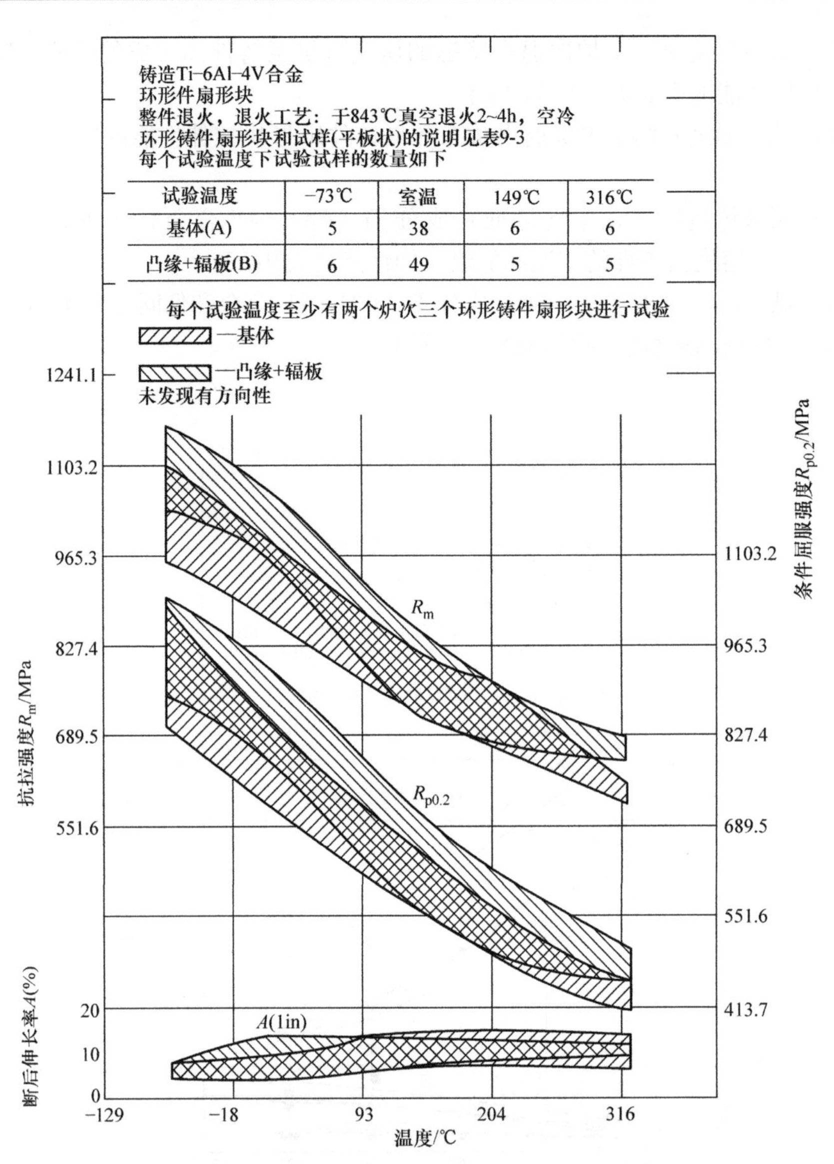

图 9-18　试验温度对两个炉次退火状态环形铸件扇形块拉伸性能的影响

表 9-17　两家铸造厂的正常（标准）成分 Ti－6Al－4V 合金和低间隙元素 Ti－6Al－4V 合金熔模精铸件的室温和低温拉伸性能

试验组别	试验温度/℃	抗拉强度 R_m/MPa	条件屈服强度 $R_{p0.2}$/MPa	断后伸长率 A（%）
A 铸造厂 ELI[①]	室温	886.79	852.70	7.5
	－196	1388.83	1288.64	2.7
	－253	1554.57	1453.62	2.0

（续）

试验组别	试验温度/℃	抗拉强度 R_m/MPa	条件屈服强度 $R_{p0.2}$/MPa	断后伸长率 A（%）
B 铸造厂 STD②	室温	891.69	816.48	6.16
	-196	1426.73	1360.68	4.0
	-253	1526.97	1472.46	2.75
A 铸造厂 STD② 732℃（1350F），退火	室温	937.23	892.72	9.3
	-196	1456.52	1389.18	6.0
	-253	1669.73	1542.91	4.5
B 铸造厂 STD② 843℃（1550F），退火	室温	921.91	855.12	7.67
	-196	1454.24	1361.99	6.0
	-253	1630.26	1498.54	5.3

① ELI—低间隙元素。

② STD—正常（标准）化学成分（SAE-AMS 4985E-2014）。

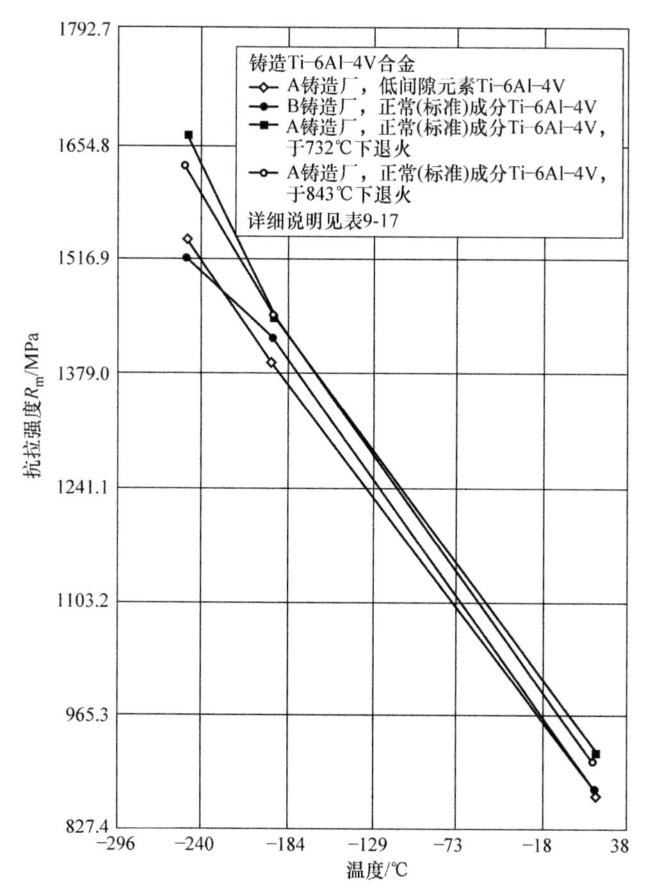

图 9-19　试验温度对正常（标准）成分 Ti-6Al-4V 合金和低间隙元素 Ti-6Al-4V 合金铸件抗拉强度的影响

27）试验温度对正常（标准）成分 Ti－6Al－4V 合金和低间隙元素 Ti－6Al－4V 合金铸件断后伸长率的影响如图 9-20 所示。

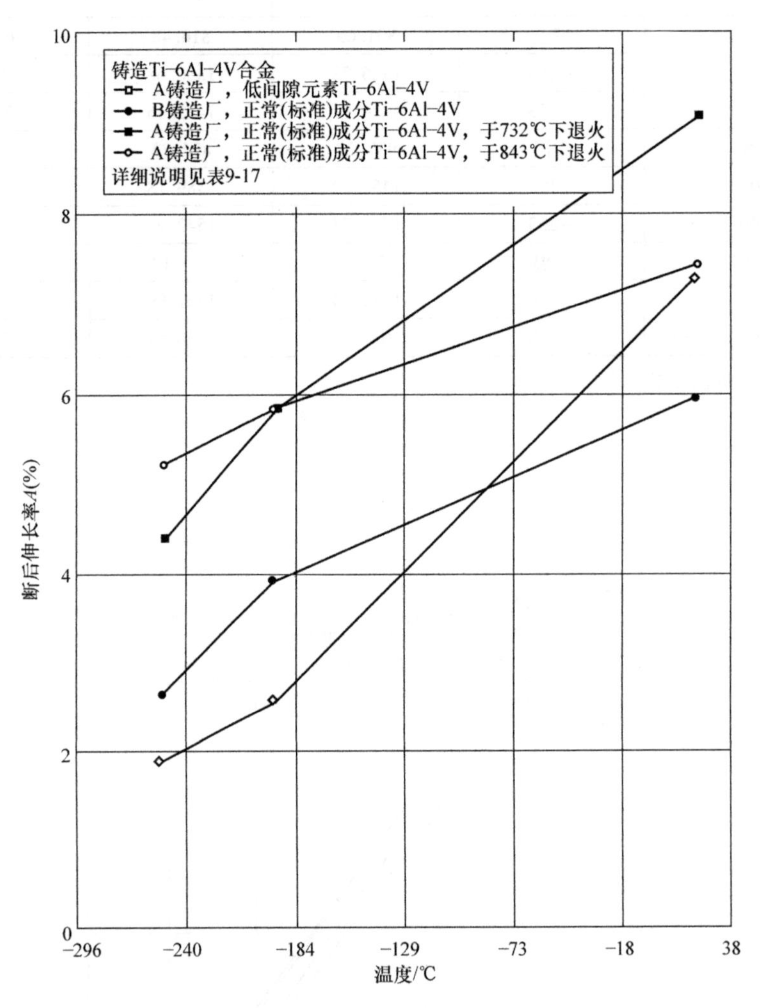

图 9-20　试验温度对正常（标准）成分 Ti－6Al－4V 合金和低间隙元素 Ti－6Al－4V 合金铸件断后伸长率的影响

28）两个炉次退火状态环形铸件扇形块的小缺口强度见表 9-18。

（4）抗压性能

1）两个炉次环形铸件扇形块的抗压强度和弹性模量见表 9-19。

表 9-18 两个炉次退火状态环形铸件扇形块的小缺口强度

合金	铸造 Ti-6Al-4V		
品种	环形铸件扇形块[1]		
状态	843℃真空退火 2~4h，空冷[2]		
铸件编号	试样方位	室温性能	
		$\sigma_{p0.2}$/MPa	R_{mH}/MPa
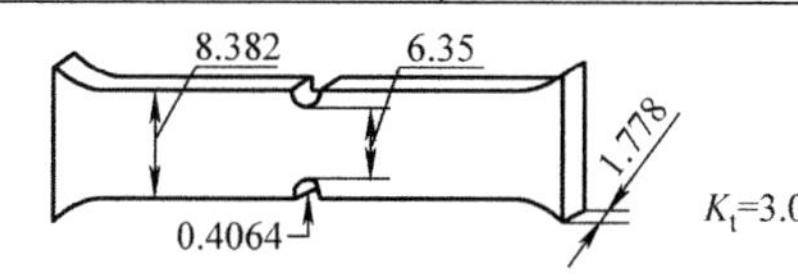			
基体[1]——A 炉次			
1	长横向	759	1146.1
1	长横向	772.1	—
2	纵向	760.4	1189.6
2	纵向	771.4	—
2	短横向	763.8	1007.4
基体[1]——B 炉次			
1	长横向	776.9	1050.8
1	长横向	748.7	—
2	纵向	723.1	1100.6
2	纵向	748.7	—
2	短横向	763.8	1075.7
2	短横向	772.8	—
2	短横向	792.1	—
凸缘[1]——A 炉次			
2	纵向	832.8	1158.5
2	纵向	892.2	—
凸缘[1]——B 炉次			
2	纵向	803.9	1139.9
2	纵向	843.9	—
2	纵向	827.3	—
2	纵向	812.1	—
2	纵向	836.2	—
辐板[1]——B 炉次			
1	纵向	783.8	1106.1
1	纵向	817.0	—
1	纵向	768.7	—
2	长横向	829.4	1162.0
2	长横向	874.2	—
2	长横向	849.4	—
2	长横向	848.7	—

（续）

合金	铸造 Ti－6Al－4V		
品种	环形铸件扇形块①		
状态	843℃真空退火 2～4h，空冷②		
铸件编号	试样方位	室温性能	
		$\sigma_{p0.2}$/MPa	R_{mH}/MPa
60° 8.382 5.359 0.178~0.203 31.75			
基体①——A 炉次			
2	纵向	845.3	1085.4
2	纵向	852.2	—
基体①——B 炉次			
2	纵向	818.3	1064.0
2	纵向	863.9	—

① 环形铸件扇形块详情见表 9-3。
② 整件退火。

表 9-19　两个炉次环形铸件扇形块的抗压强度和弹性模量

合金		铸造 Ti－6Al－4V			
品种		环形铸件扇形块①			
状态		843℃真空退火 2～4h，空冷②			
试样和室温抗压性能		试样③		室温抗压性能	
炉次	铸件编号	位置①	方位①	抗压强度 R_{mc}/MPa	弹性模量 E_c/GPa
A	1	基体	纵向	861.8	148.9
A	1	基体	长横向	852.2	141.4
A	2	基体	短横向	841.1	108.9
A	2	基体	短横向	893.6	120.7
B	1	基体	纵向	901.1	120.7
B	1	基体	长横向	866.6	116.5
B	2	基体	短横向	849.4	120.7
A	2	凸缘	纵向	1010.2	106.2
B	2	凸缘	纵向	1003.3	120.0
A	3	辐板	纵向	1044.7	116.5
A	3	辐板	纵向	1063.3	113.8
B	1	辐板	纵向	968.8	127.6
B	1	辐板	纵向	913.6	118.0
B	2	辐板	长横向	966.7	126.2
B	3	辐板	长横向	941.2	113.2

① 环形铸件扇形块和试样方位的详细说明参见表 9-3。

② 整件退火。

③ 试样尺寸：长 68.58mm，宽 16.51mm，厚度 2.54mm；相应的拉伸性能参见表 9-3。

2）两家铸造厂提供的铸件在铸态、退火状态和固溶时效状态的条件屈服强度、抗压强度与弹性模量见表9-20。

表9-20 两家铸造厂提供的铸件在铸态、退火状态和固溶时效状态的条件屈服强度、抗压强度与弹性模量

合金	铸造 Ti-6Al-4V		
品种	精铸件		
状态	室温性能		
	条件屈服强度 $R_{p0.2}$①/MPa	抗压强度 R_{mc}②/MPa	弹性模量 E_c/GPa
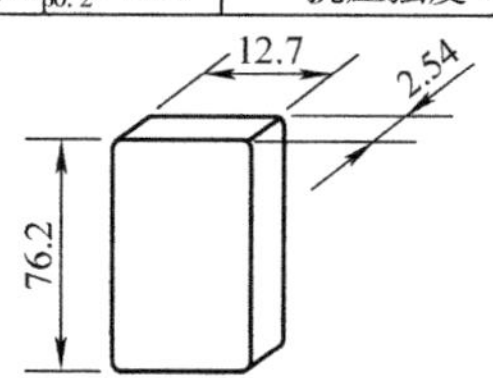			
1号铸造厂③			
铸态	876.3	945.3	115.2
退火状态④	869.4	1021.2	117.2
固溶时效状态⑤	1048.8	1235.1	118.6
2号铸造厂⑥			
固溶时效状态⑤	938.4	1000.5	—

① 每个数值至少3个试验数据的平均值。
② 每个数值至少2个试验数据的平均值。
③ 铸件重量为4.536kg，壁厚为5.08~50.8mm，试样可任意从铸件最厚与最薄部位的方位上选取。
④ 整件退火工艺为704℃下保温2h，空冷。
⑤ 整件固溶时效处理，工艺为954℃下保温252min，水淬→538℃下保温4h，空冷。
⑥ 铸件重量为0.4536kg，壁厚为10.922mm，全部试样取自平行于铸件纵轴方向，1号铸件厂提供的铸件与2号铸造厂供应的铸件炉次不同。

（5）冲击性能

1）两个炉次铸造尺寸试样（cast-to-size specimens）在退火状态下的标准夏比V型缺口冲击韧度见表9-21。

表9-21 两个炉次铸造尺寸试样在退火状态下的标准夏比V型缺口冲击韧度

合金		铸造 Ti-6Al-4V
品种		铸造尺寸试样
状态		704℃退火，2h，空冷①
炉次	试样编号	标准夏比V型缺口冲击韧度 a_K/(J/cm^2)
A	1	33.06
A	2	33.91
A	3	33.91
A	4	35.60
A	5	33.91
B	1	35.60
B	2	32.21
B	3	33.91
B	4	35.60
B	5	33.91

① 室温（一般）拉伸性能：
A炉——R_m=999.1MPa，$R_{p0.2}$=878.4MPa，$A_{25.4mm}$=11.7%，Z=25.8%。
B炉——R_m=1001.2MPa，$R_{p0.2}$=915.6MPa，$A_{25.4mm}$=10.5%，Z=21.6%。

2）两个炉次退火状态环形铸件扇形块的标准夏比V型缺口冲击韧度见表9-22。

表9-22 两个炉次退火状态环形铸件扇形块的标准夏比V型缺口冲击韧度

合金				铸造 Ti－6Al－4V	
品种				环形铸件扇形块	
状态				843℃真空退火2～4h，空冷②	
炉次	铸件编号	试样位置①	试样方位①	室温性能	
				条件屈服强度 $R_{p0.2}$/MPa	冲击韧度 a_K/(J/cm^2)
A	1	基体	长横向	772.1	32.21
A	1	基体	长横向	759.0	27.13
A	1	基体	短横向	792.8	25.43
A	1	基体	短横向	765.2	25.43
A	2	基体	纵向	760.4	30.52
A	2	基体	纵向	771.4	—
A	2	基体	长横向	766.6	27.13
A	2	基体	短横向	763.8	30.52
B	1	基体	短横向	788.7	25.43
B	1	基体	短横向	704.5	25.43
B	2	基体	纵向	723.12	36.00
B	2	基体	纵向	748.7	—
B	2	基体	长横向	761.8	30.52
B	2	基体	长横向	765.2	32.21
B	2	基体	长横向	792.8	28.82
B	2	基体	短横向	715.5	23.74
B	2	基体	短横向	772.8	—
B	2	基体	短横向	792.1	—
A	1	凸缘	纵向	772.1～834.9③	23.74
B	1	凸缘	纵向	770.0～888.0④	23.74

① 环形铸件扇形块和试样的详细说明参见表9-3。

② 整件退火。

③ 数值范围取自5个试验数据。

④ 数值范围取自10个试验数据。

3）固溶时效铸件的标准夏比V型缺口冲击韧度见表9-23。

4）铸造Ti－6Al－4V合金的室温冲击韧度（夏比V型缺口冲击韧度）见表9-24。

表 9-23　固溶时效铸件的标准夏比 V 型缺口冲击韧度

合金	铸造 Ti-6Al-4V
品种	精密铸件①
状态	固溶时效②
标准夏比 V 型缺口冲击韧度 $a_K/(J/cm^2)$	14.34③

① 铸件重量为 0.45kg，壁厚为 10.92mm。
② 整件固溶时效，其工艺为 954℃下保温 25min，水淬→538℃下保温 4h，空冷。
③ 单值的试样取样方位平行于铸件的纵轴。

表 9-24　铸造 Ti-6Al-4V 合金的室温冲击韧度

试样状态①	编号②	冲击韧度 $a_K/(J/cm^2)$③	试样状态①	编号②	冲击韧度 $a_K/(J/cm^2)$③
铸态	1A	38.99	铸造→热等静压	5A	29.67
	7A	38.15		17A	32.21
	10A	39.50		18A	35.09
	11A	34.25		平均	32.38
	16A	33.74		标准偏差	0.16
	20A	33.91	铸造，工厂退火→热等静压	2A	30.52
	平均	36.45④		6A	31.36
	标准偏差	0.16		19A	28.65
				平均	30.18
				标准偏差	0.08

① 全部试样经 704℃下保温 2h 退火。
② 试样编号和拉伸性能的说明参见表 9-6。
③ 延性断裂。
④ 熔模铸造飞机零件上机械加工试样的相应 a_K 平均值为 32.55J/cm²。

5）几种热处理状态下铸造 Ti-6Al-4V 合金的夏比 V 型缺口冲击韧度和断裂韧度见表 9-25。

表 9-25　几种热处理状态下铸造 Ti-6Al-4V 合金的夏比 V 型缺口冲击韧度和断裂韧度

热处理工艺（热处理工艺制度的说明参见图 9-14）	试样编号	夏比 V 型缺口冲击韧度 $a_K/(J/cm^2)$	断裂韧度 $K_{IC}/MPa \cdot m^{\frac{1}{2}}$
843℃退火，空冷	1	43.40	106.3
	2	42.21	97.3
	3	42.04	105.5
	平均	42.55	103

（续）

热处理工艺（热处理工艺制度的说明参见图9-14）	试样编号	夏比V型缺口冲击韧度 a_K/(J/cm²)	断裂韧度 K_{IC}/MPa·$m^{\frac{1}{2}}$
988℃固溶时效	1	38.31	—
	2	35.94	—
	3	35.26	—
	平均	36.45	—
1016℃固溶时效	1	33.91	—
	2	32.55	—
	3	35.94	—
	平均	34.08	—
982℃循环热处理	1	50.69	—
	2	37.47	—
	3	44.42	—
	平均	44.25	—

（6）剪切性能

1）两个炉次退火状态下环形铸件扇形块的抗剪强度见表9-26。

表9-26　两个炉次退火状态下环形铸件扇形块的抗剪强度

合金		铸造 Ti-6Al-4V
品种		环形铸件扇形块①
状态		843℃真空退火2~4h，空冷②
炉次	铸件编号	抗剪强度 τ_b/MPa③④
A	1	647.9
A	2	657.6
A	3	657.6
B	1	651.4
B	2	707.3

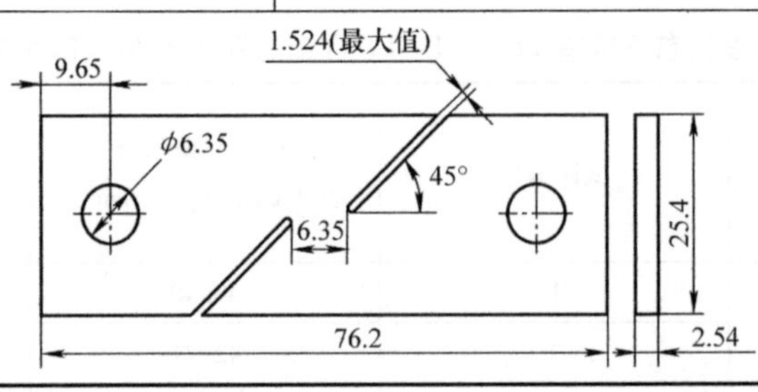

① 环形铸件扇形块详细说明参见表9-3。

② 整件退火。

③ 凸缘部位，纵向方位（参见表9-3）。

④ 每个铸件做2~7次试验取平均值，相应的拉伸性能参见表9-3。

2）固溶时效铸件的双重抗剪强度见表9-27。

表9-27　固溶时效铸件的双重抗剪强度

合金	铸造 Ti-6Al-4V
品种	精铸件①
状态	固溶时效②
抗剪强度 τ_b/MPa	653.4③

① 铸件重量为0.45kg，壁厚为10.9mm，直径为9.52mm的双重抗剪试样取自于平行铸件的纵轴。

② 整件固溶时效，其工艺为954℃下保温25min，水淬→538℃下保温4h，空冷。

③ 两个试验数据的平均值。

（7）承载强度

1）两个炉次退火状态的环形铸件扇形块的承载强度见表9-28。

表9-28　两个炉次退火状态环形铸件扇形块的承载强度

合金		铸造 Ti-6Al-4V	
品种		环形铸件扇形块①	
状态		843℃真空退火2~4h，空冷②	
炉次	铸件编号	极限强度 σ_{bru}/MPa③④	屈服强度 σ_{bry}/MPa③④
A	1	1952.7	1549.7
A	2	1927.9	1571.1
A	3	1747.8	1442.8
B	1	1929.2	1482.8
B	2	2070.7	1693.3

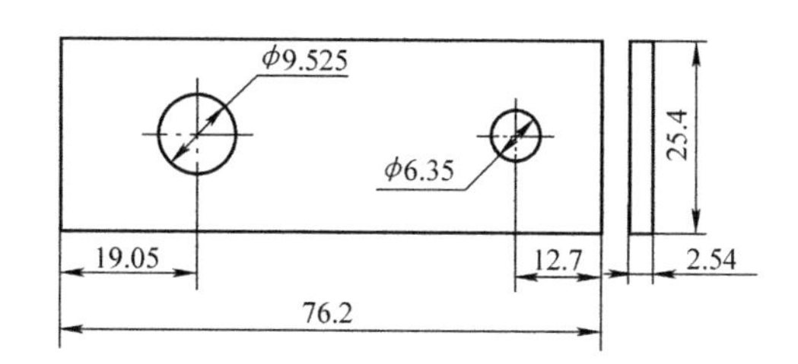

① 环形铸件扇形块的详情见表9-3。

② 整件退火。

③ 凸缘部位、纵向方向见表9-3。

④ 除B炉2号铸件仅一个数据外，其余铸件的全部数值均为2~6个试验数据的平均值。

2）固溶时效状态铸件的承载强度见表9-29。

（8）持久和蠕变性能

1）固溶时效温度对压气机机匣铸件在427℃，552MPa下持久性能的影响见表9-30。

表 9-29 固溶时效状态铸件的承载强度

合金	铸造 Ti-6Al-4V		
品种	精铸件①		
状态	固溶时效②		
室温承载性能③	极限强度 σ_{bru}/MPa	屈服强度 σ_{bry}/MPa	延伸率 δ/D
	1490.4	④	1.50
	1656	1614.6	1.52
	1476.6	1545.6	1.50

① 铸件重量为0.45kg，壁厚为10.922nm，试样取向平行于铸件纵轴。
② 整件固溶时效，其工艺为954℃下保温25min，水淬→538℃下保温4h，空冷。
③ 试样厚度为2.29mm，直径为4.7498mm。
④ 承载破坏发生在0.2%应变前。

表 9-30 固溶时效温度对压气机机匣铸件在427℃，552MPa下持久性能的影响

合金	铸造 Ti-6Al-4V	
品种	压气机机匣铸件①	
状态	固溶时效②	
954℃下固溶处理1h后水淬		
时效温度（℃）如下，8h，空冷	427℃，552MPa下的持久性能	
	断裂时间/h	断后伸长率 $A_{25.4mm}$（%）
482	500.2	—
482	510.7	—
482	512.8	—
538	502.1③	—
538	501.2③	—
538	504.3③	—
538	757.3	14.6
593	502.1③	—
593	503.2③	—
1010℃下固溶处理1h后水淬		
时效温度（℃）如下，8h，空冷	427℃，552MPa下的持久性能	
	断裂时间/h	断后伸长率 $A_{25.4mm}$（%）
482	549.6③	—
482	548.4③	—
482	546.6③	—
538	540.5③	—
538	526.8③	—
538	521.7③	—
593	506.6③	—
593	504.5③	—
593	504.2③	—

① 压气机机匣铸件和试样的详细说明参见图9-16。
② 机匣对剖后固溶处理，然后加工成12.7mm×12.7mm的试样毛坯进行时效，试验材料的室温拉伸性能参见图9-11。
③ 试验中止。

2）由退火状态的压气机机匣铸件上加工成的小缺口试样和退火状态的铸造尺寸试样的室温持久性能见表9-31。

表9-31　由退火状态的压气机机匣铸件上加工成的小缺口试样和退火状态的铸造尺寸试样的室温持久性能　（单位：h）

合金		铸造 Ti-6Al-4V				
品种		压气机机匣铸件①，铸造尺寸试样②				
状态		于704℃保温2h退火，空冷③				
炉次	试样编号	室温小缺口持久性能				
		应力大小				
		1104MPa	1173MPa	1242MPa	1311MPa	总寿命
压气机机匣铸件						
A	1	—	12	—	—	12
A	2	10.0	—	—	—	④
A	3	9.0	—	—	—	④
铸造尺寸试样						
B	1	—	5.0	1.1	—	6.1
B	2	—	5.0	0.2	—	5.2
B	3	—	9.9	0.4	—	10.3
B	4	—	6.8	—	—	6.8
C	1	—	10.6	5.0	1.2	16.8
C	2	—	5.2	—	—	5.2
C	3	—	5.8	1.9	—	7.7
C	4	—	10.3	0.7	—	11.0
C	5	—	5.0	2.8	—	7.8

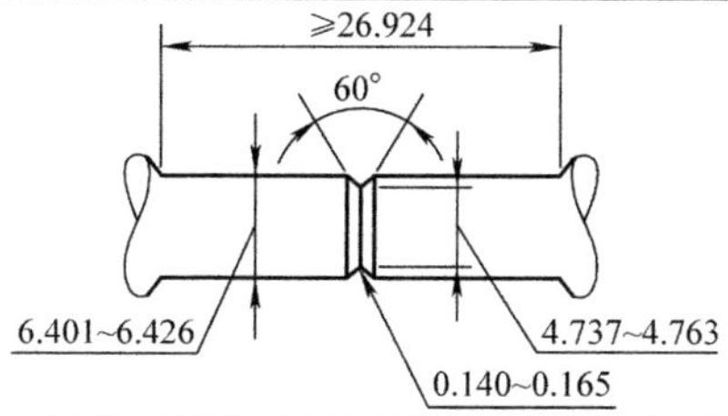

① 压气机机匣铸件（高508mm）和试样的说明参见图9-16。

② 试样先铸成直径大于12.7mm的试样毛坯，然后再加工成测试试样。

③ 压气机机匣铸件整件退火，其拉伸性能如下：

R_m = 992.9MPa；$R_{p0.2}$ = 903.9MPa；$A_{25.4mm}$ = 9.4%；Z = 15.5%。

铸造尺寸试样以试样毛坯退火，其拉伸性能如下：

B炉——R_m = 999.1MPa；$R_{p0.2}$ = 878.4MPa；$A_{25.4mm}$ = 11.7%；Z = 25.8%。

C炉——R_m = 1001.2MPa；$R_{p0.2}$ = 915.6MPa；$A_{25.4mm}$ = 10.5%；Z = 21.6%。

④ 试验中止。

3）两个炉次铸件尺寸光滑试样和小缺口试样260℃下的持久性能见表9-32。

表 9-32　两个炉次铸造尺寸光滑试样和小缺口试样 260℃下的持久性能

合金		铸造 Ti-6Al-4V		
品种		铸造尺寸试样①		
状态		于 704℃保温 2h 退火，空冷②		
炉次	试样编号	260℃下的持久性能		
		应力 σ/MPa	寿命 t/h	断后伸长率 $A_{25.4mm}$（%）
光滑试样③				
A	1	690.0	④	12.0
A	2	655.5	200.8⑤	—
A	3	621.0	253.3⑤	—
B	1	690.0	245.7⑤	—
B	2	679.7	209.6⑤	—
B	3	672.8	204.9⑤	—
小缺口试样				
A	1	1207.5	④	—
A	2	1138.5	④	—
A	3	1069.5	④	—
B	1	1062.2	④	—
B	2	1048.8	200.8⑤	—
B	3	1035.0	238.1⑤	—

① 先铸成直径大于 12.7mm 的试样毛坯，然后再加工成测试试样。

② 以试样毛坯退火，其室温拉伸性能如下：

A 炉——R_m = 998.4MPa；$R_{p0.2}$ = 877.7MPa；$A_{25.4mm}$ = 11.7%；Z = 25.8%。

B 炉——R_m = 1000.5MPa；$R_{p0.2}$ = 915.0MPa；$A_{25.4mm}$ = 10.5%；Z = 21.6%。

③ 光滑试样尺寸：直径 6.35mm × 标距长度 25.4mm。

④ 加载到所示应力后立即断裂。

⑤ 不连续试验。

4）由三个炉次五个退火状态的压气机机匣铸件机械加工成的试样在 371℃、427℃和 482℃下的持久性能曲线如图 9-21 所示。

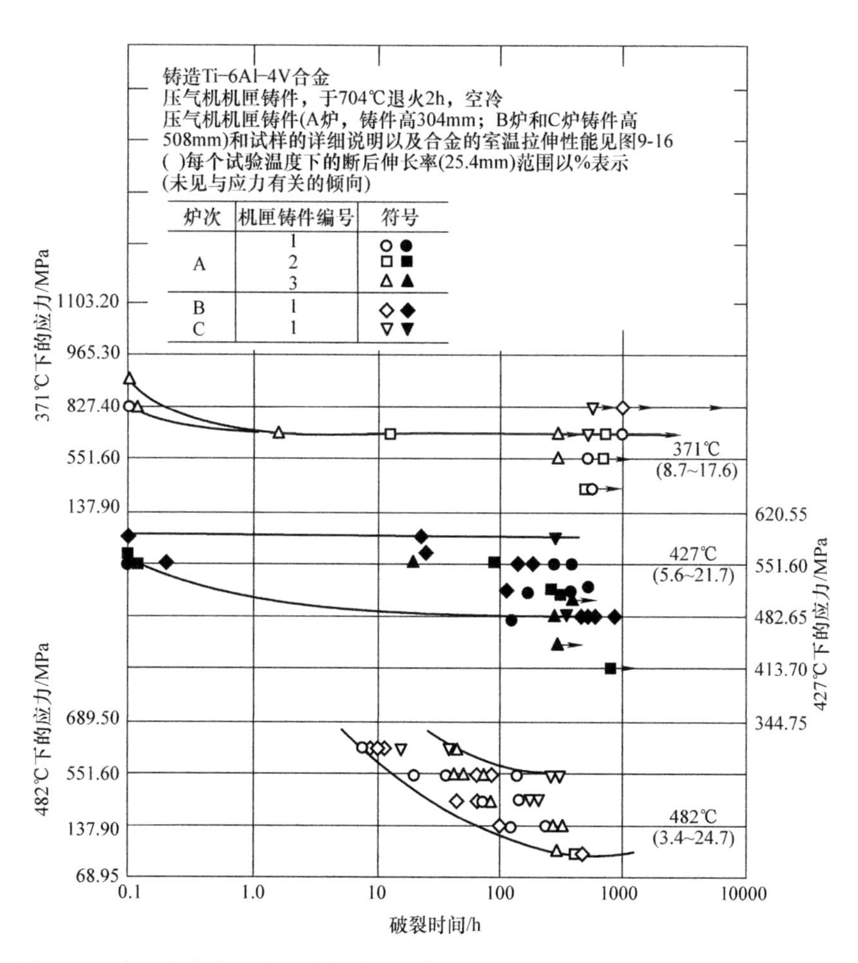

图 9-21　由三个炉次五个退火状态的压气机机匣铸件机械加工成的试样在 371℃、427℃和 482℃下的持久性能曲线

5）由同一个炉次退火状态的压气机机匣铸件上机械加工成的试样和退火状态的铸造尺寸试样在 371℃、427℃、482℃ 和 538℃ 下的蠕变断裂曲线如图 9-22 所示。

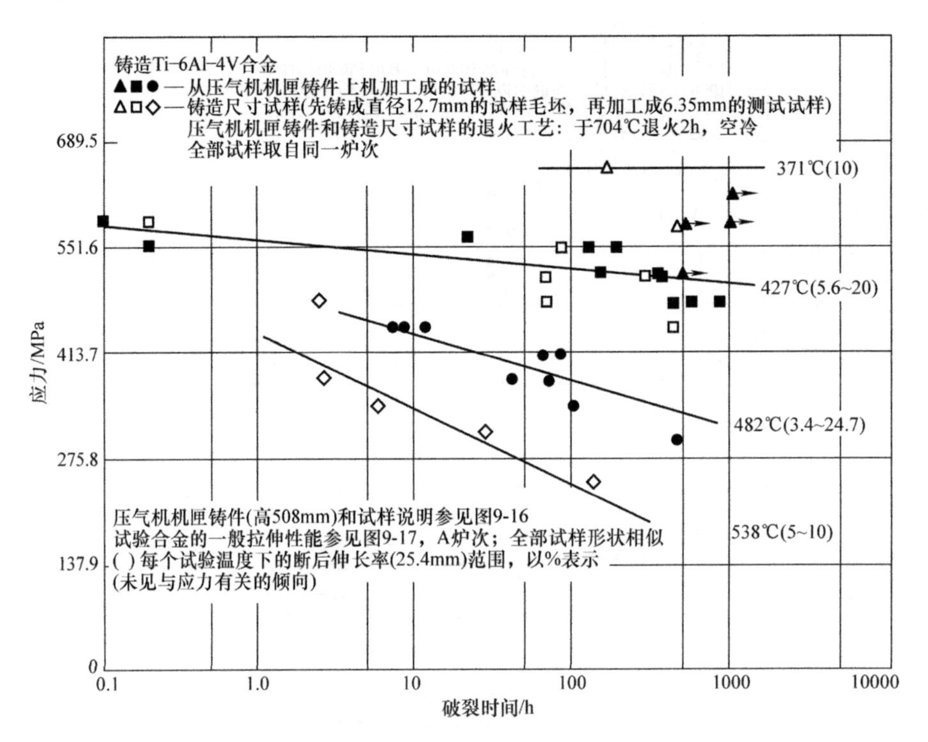

图 9-22 由同一个炉次退火状态的压气机机匣铸件上机械加工成的试样和退火状态的铸造尺寸试样在 371℃、427℃、482℃ 和 538℃ 下的蠕变断裂曲线

6）从 538℃ 温度下时效的压气机机匣铸件上机械加工成的试样在 371℃、427℃ 和 482℃ 温度下的持久性能曲线如图 9-23 所示。

（9）疲劳性能

1）两个炉次退火状态下的光滑和小缺口铸造尺寸试样在 260℃ 温度下的高周轴向疲劳性能如图 9-24 所示。

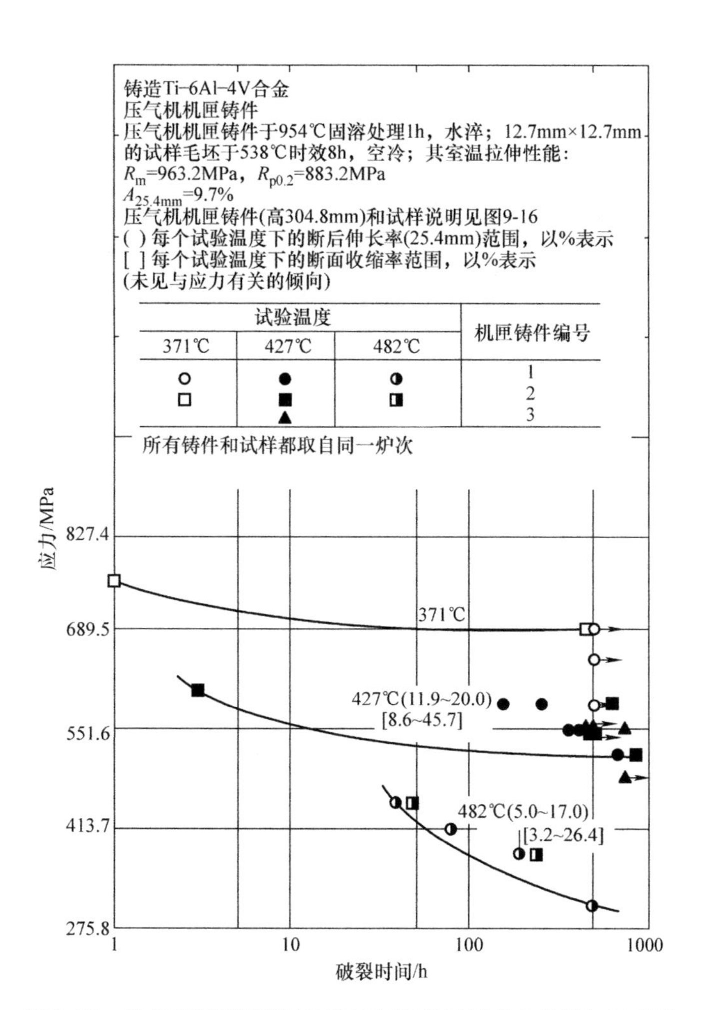

图 9-23　从 538℃温度下时效的压气机机匣铸件上机械加工成的试样在 371℃、427℃和 482℃温度下的持久性能曲线

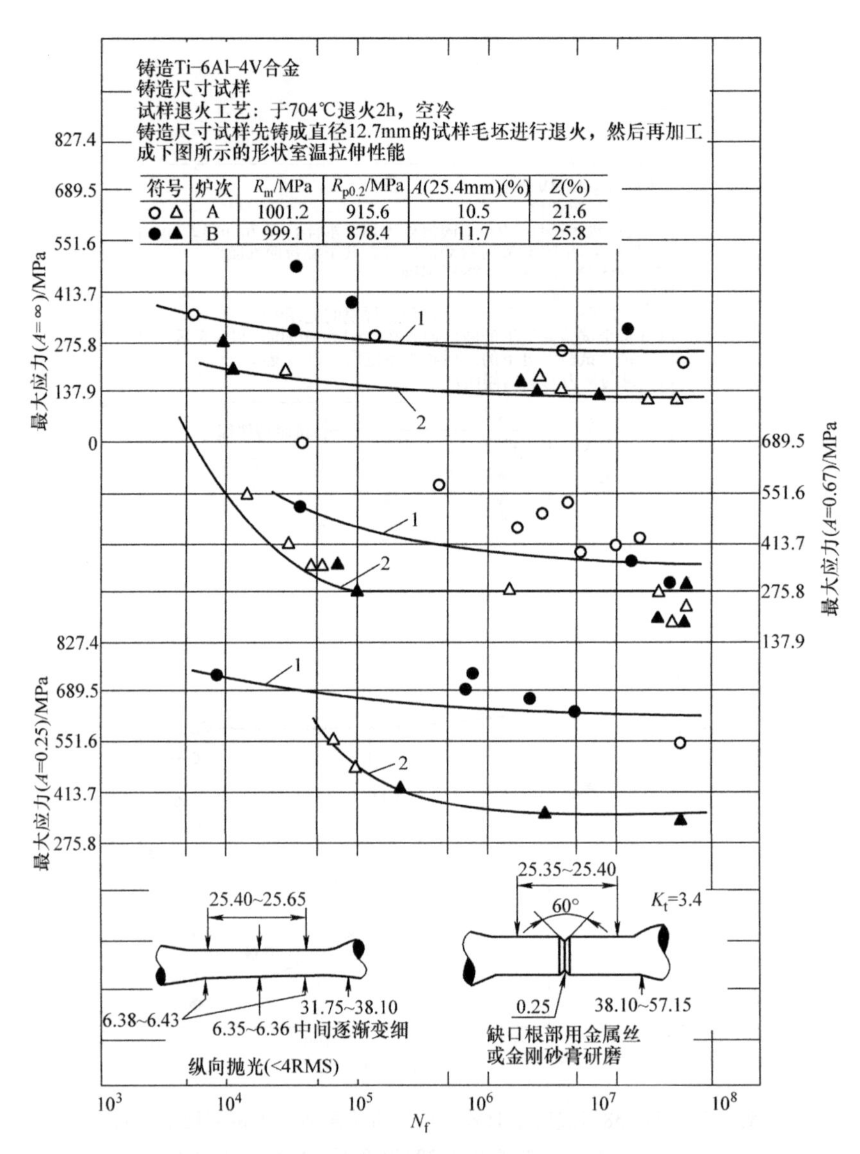

图 9-24 两个炉次退火状态下光滑和小缺口铸造尺寸试样在 260℃ 温度下的高周轴向疲劳性能

1—光滑铸造尺寸试样 2—小缺口铸造尺寸试样

2）两个炉次光滑和小缺口铸件尺寸试样在 260℃ 温度下 150h 的应力范围如图 9-25所示。

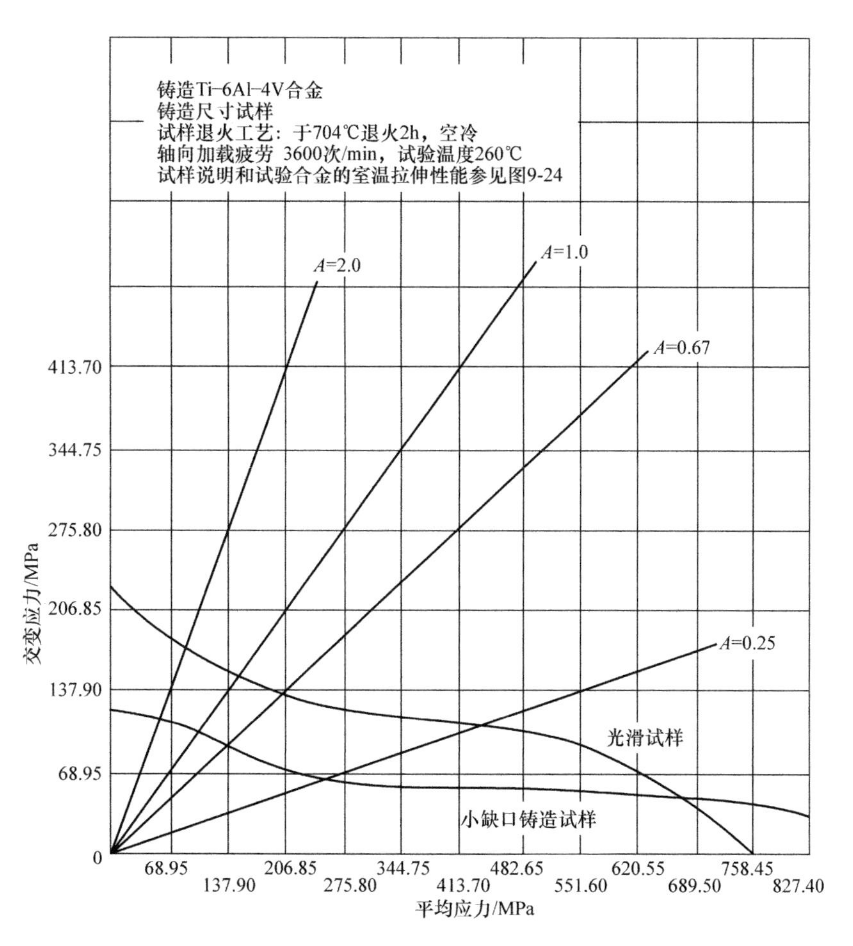

图 9-25　两个炉次光滑和小缺口铸造试样在 260℃ 温度下 150h 的应力范围

3）两个炉次五个退火状态的环形铸件扇形块的光滑试样的室温轴向加载疲劳性能见图 9-26。

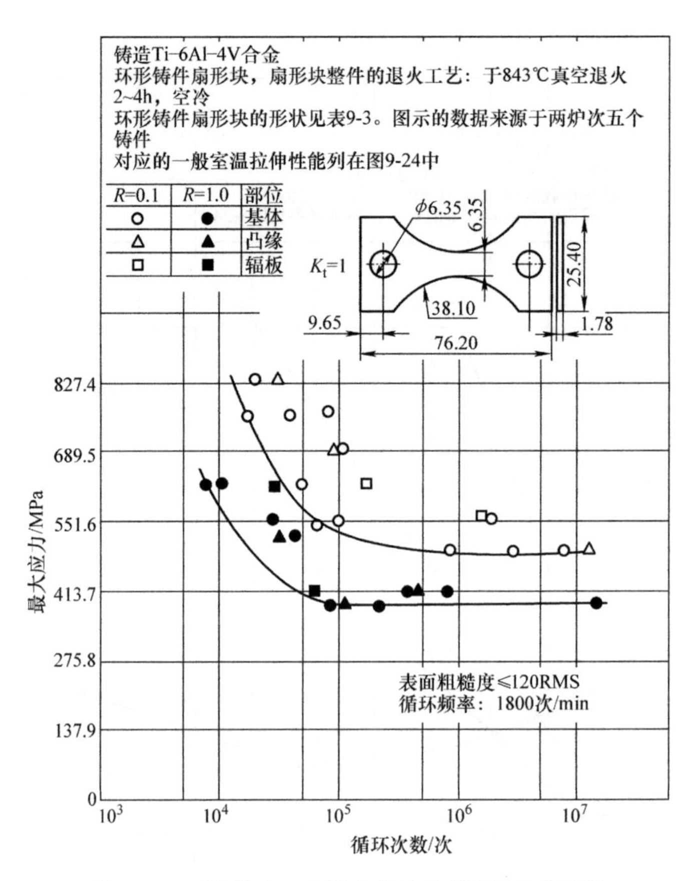

图 9-26　两个炉次五个退火状态的环形铸件扇形块的光滑试样的室温轴向加载疲劳性能

4）两个炉次五个退火状态的环形铸件扇形块的小缺口试样的室温轴向加载疲劳性能如图 9-27 所示。

5）退火状态和固溶时效状态铸件的光滑试样的室温疲劳性能如图 9-28 所示。

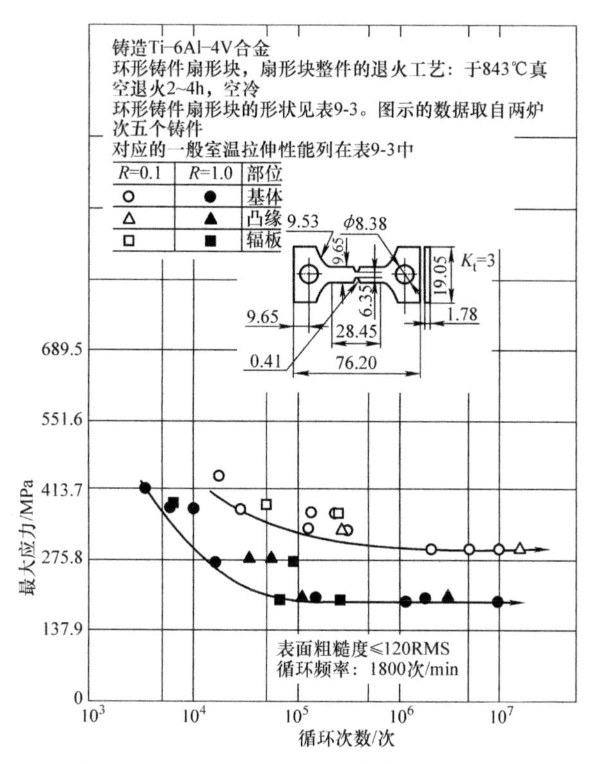

图 9-27　两个炉次五个退火状态的环形铸件扇形块的小缺口试样的室温轴向加载疲劳性能

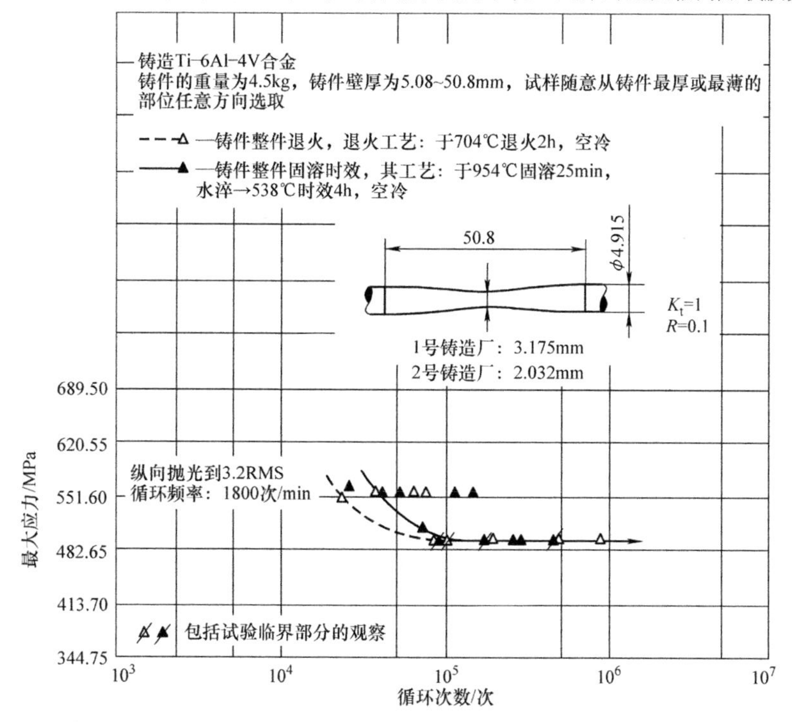

图 9-28　退火状态和固溶时效状态铸件的光滑试样的室温疲劳性能

6）两家铸造厂提供的退火状态和固溶时效状态铸件的小缺口试样室温疲劳性能如图 9-29 所示。

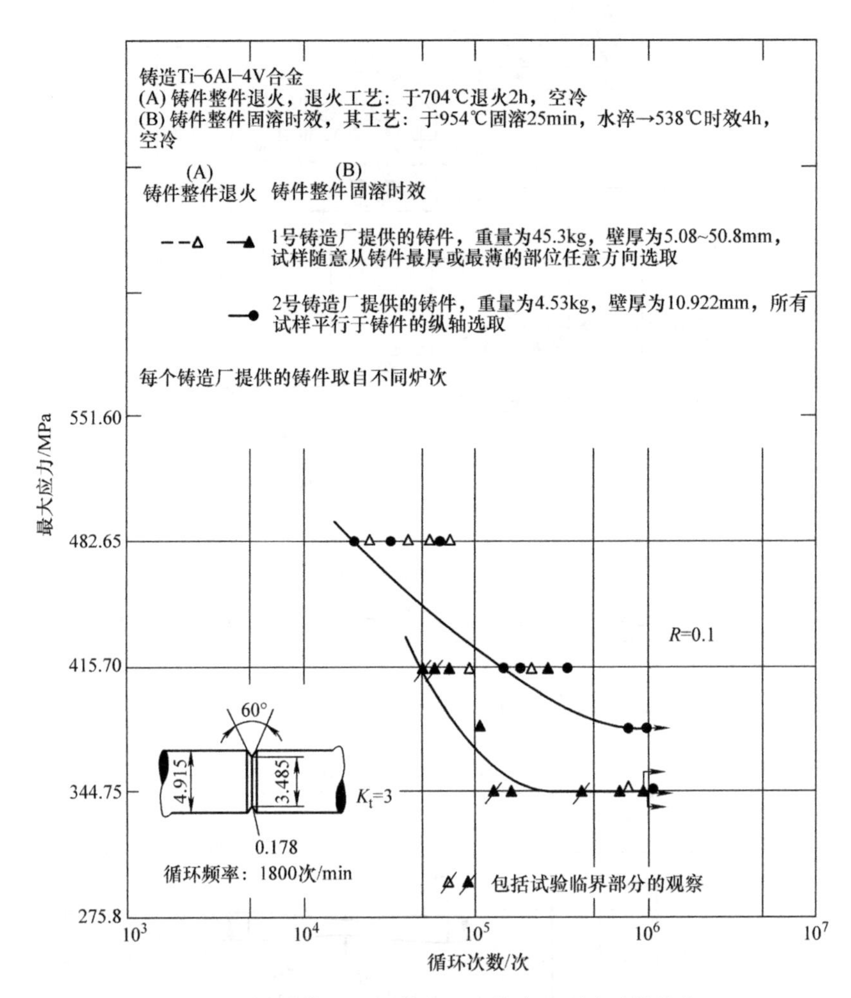

图 9-29　两家铸造厂提供的退火状态和固溶时效状态铸件的小缺口试样室温疲劳性能

7）各种热处理状态下铸造 Ti－6Al－4V 合金试棒的室温高周疲劳性能见表 9-33。

8）退火状态的熔模铸造 Ti－6Al－4V 合金试棒的高周疲劳性能如图 9-30 所示。

表 9-33 各种热处理状态下铸造 Ti-6Al-4V 合金试棒的室温高周疲劳性能

状态[1]	最大应力 σ_{max}/MPa	循环次数 N/周次[2]
退火	724.5	72100
	621.0	1038900
	603.8	1034300
	586.5	928200
	579.6	1426200
	576.9	1098200
	565.8	1413400
	558.9	963900
	558.9	433300
	552.0	2924100
β 固溶处理	793.5	31400
	759.0	87500
	724.5	229500
	703.8	700000
	690.0	870200
	676.2	508500
	672.8	639600
	655.5	1819500
	6383	5500000
	621.0	3650000
	621.0	2162200
	607.2	2557400

注：$f=10\text{Hz}$；$R=0.1$；三角波形；$K_t=1.0$。

① 室温拉伸性能和状态的说明见表 9-14。

② 中止试验。

9）β 固溶时效状态下熔模铸造 Ti-6Al-4V 合金试棒的高周疲劳性能如图 9-31所示。

10）8 种热处理状态下铸造 Ti-6Al-4V 合金平均疲劳寿命的比较如图 9-32 所示。

11）热处理对铸态和铸造→热等静压的 Ti-6Al-4V 合金于 21.1℃温度下的高周疲劳寿命影响如图 9-33 所示。

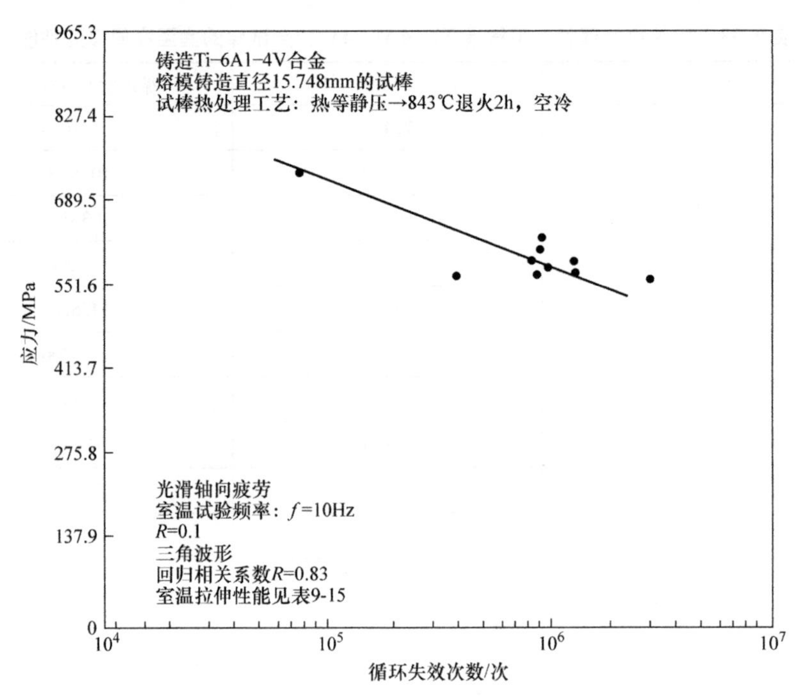

图 9-30　退火状态熔模铸造 Ti－6Al－4V 合金试棒的高周疲劳性能

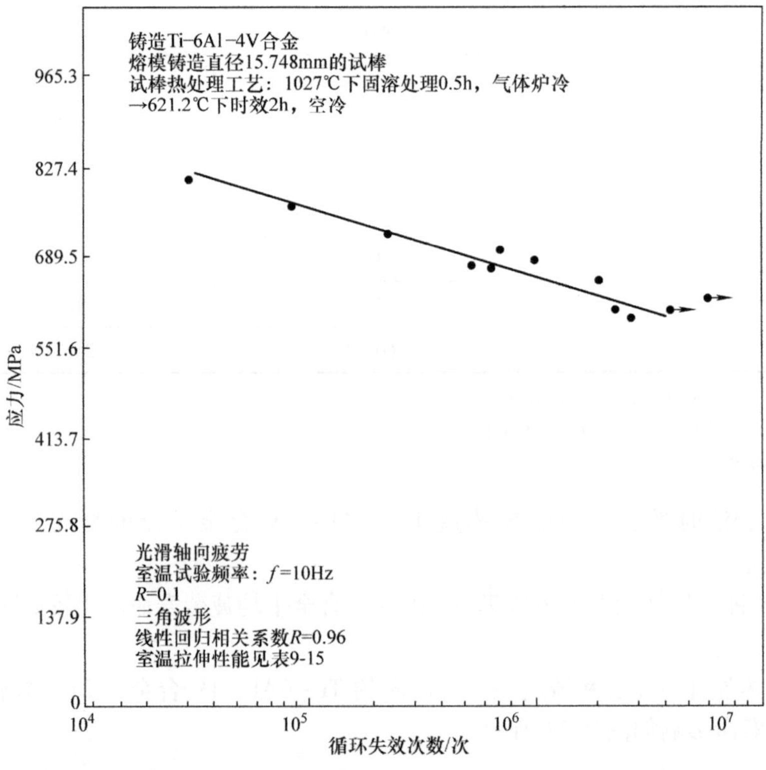

图 9-31　β 固溶时效状态下熔模铸造 Ti－6Al－4V 合金试棒的高周疲劳性能

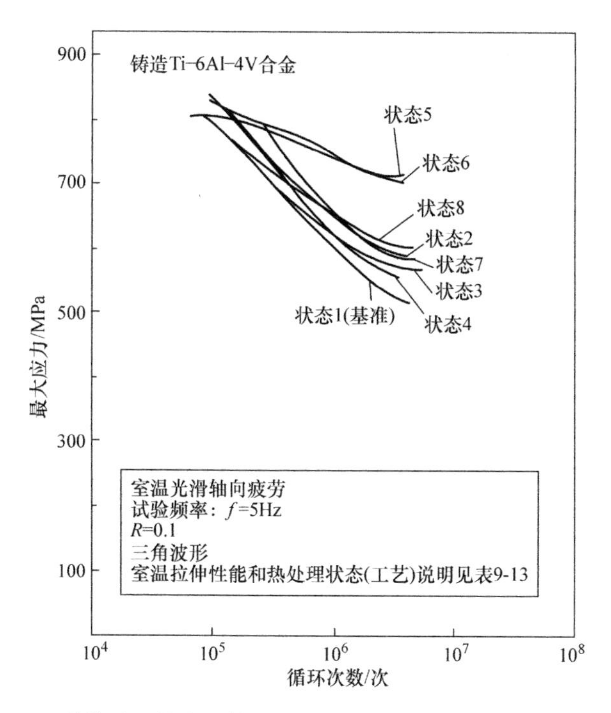

图 9-32　8 种热处理状态下铸造 Ti－6Al－4V 合金平均疲劳寿命的比较

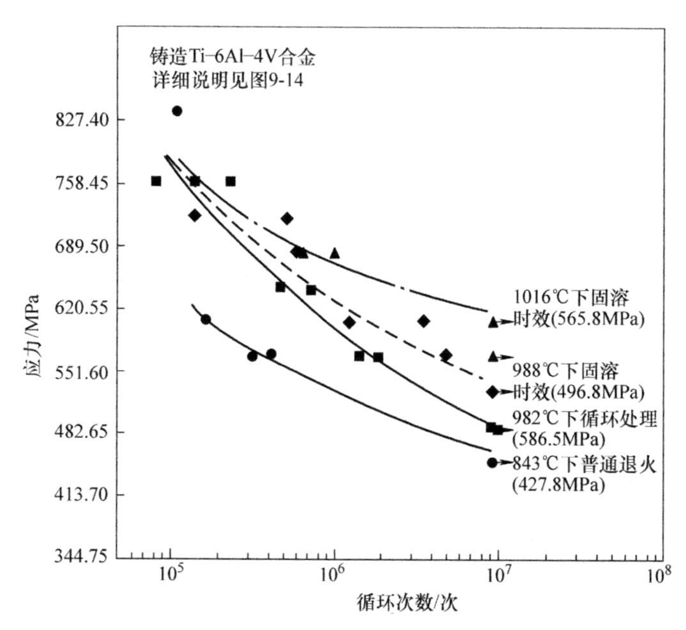

图 9-33　热处理对铸态和铸造→热等静压的 Ti－6Al－4V 合金于 21.1℃温度下的高周疲劳寿命影响

12）β 退火（BA）与工厂退火（MA）的铸造 Ti－6Al－V 合金开孔疲劳性能

的比较如图 9-34 所示。

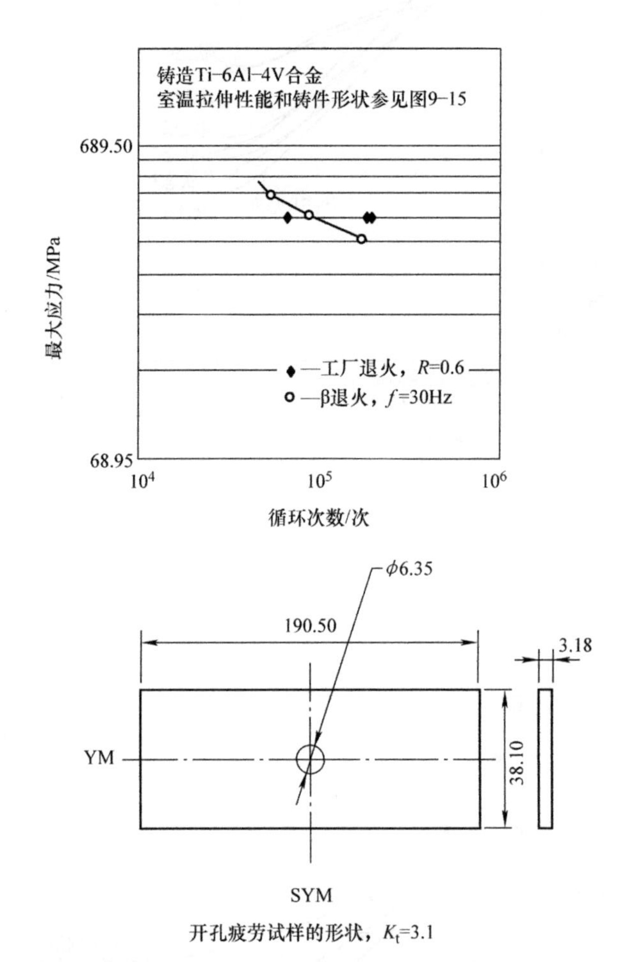

开孔疲劳试样的形状，K_t=3.1

图 9-34　β 退火（BA）与工厂退火（MA）的铸造 Ti-6Al-V 合金开孔疲劳性能的比较

13）β 退火的铸造 Ti-6Al-4V 合金与普通工厂退火状态的铸造 Ti-6Al-4V 合金应变寿命疲劳性能的比较如图 9-35 所示。

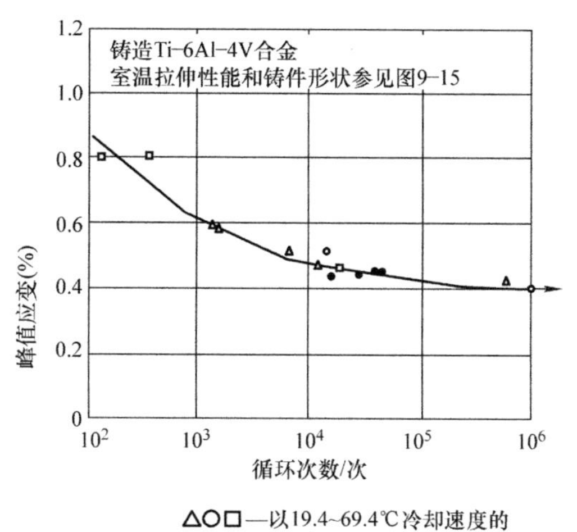

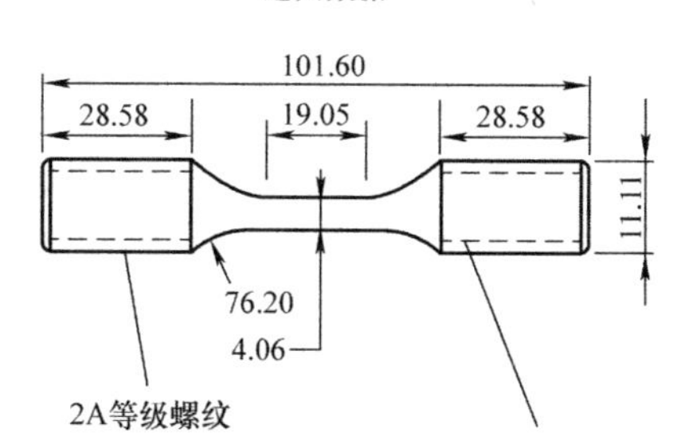

图 9-35　β 退火的铸造 Ti-6Al-4V 合金与普通工厂退火状态的铸造 Ti-6Al-4V 合金应变寿命疲劳性能的比较

14）两个炉次退火状态小缺口铸造尺寸试样在 260℃ 温度下的低周轴向疲劳性能如图 9-36 所示。

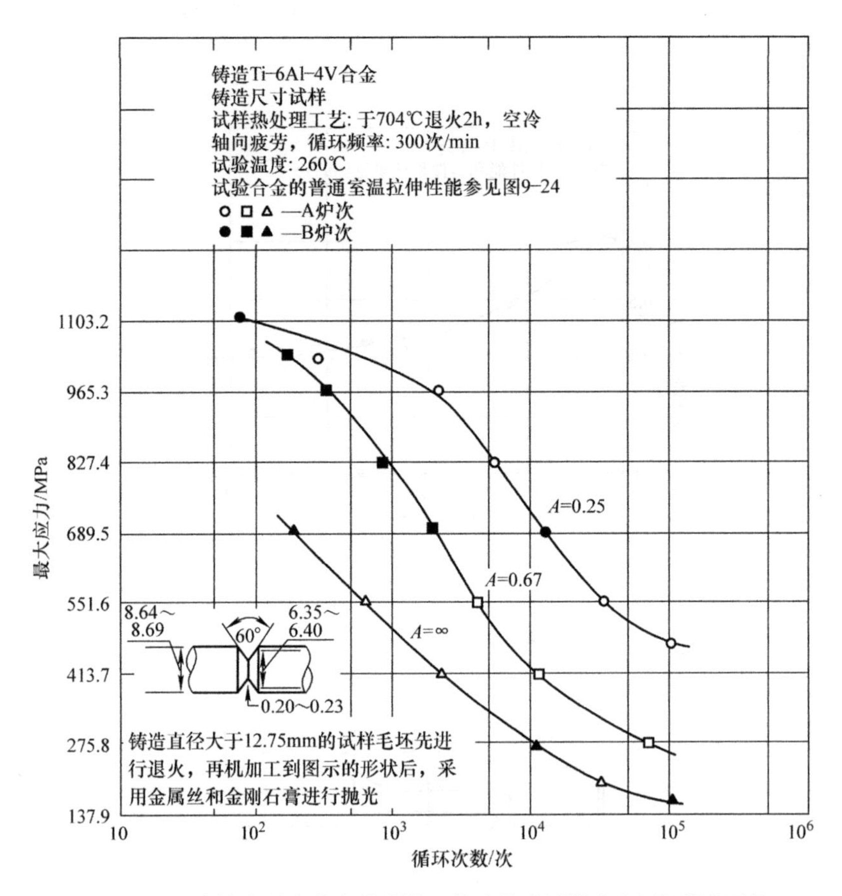

图 9-36　两个炉次退火状态的小缺口铸造尺寸试样在 260℃温度下的低周轴向疲劳性能

（10）弹性性能

1）泊松比

2）弹性模量可见表 9-3、符合国内外标准。表 9-14、表 9-15、表 9-19 和表 9-20。

试验温度对两个炉次退火状态环形铸件扇形块拉伸弹性模量的影响如图 9-37 所示。

3）刚性模量符合国内外标准。

4）正切弹性模量符合国内外标准。

5）正割弹性模量符合国内外标准。

（11）断裂性能

1）Ti－6Al－4V 合金熔模精铸件的断裂韧度见表 9-34。

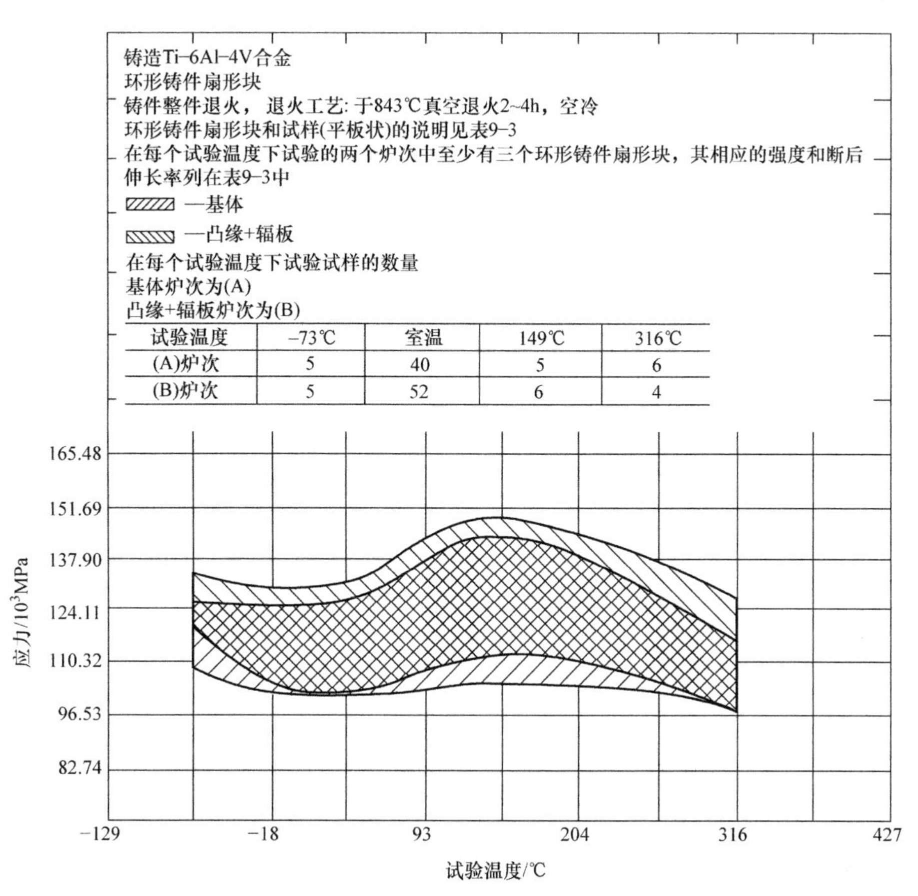

图 9-37　试验温度对两个炉次退火状态环形铸件扇形块拉伸弹性模量的影响

表 9-34　Ti-6Al-4V 合金熔模精铸件的断裂韧度

名称	断裂韧度 K_{IC}/MPa·$m^{\frac{1}{2}}$	
品种	Ti-6Al-4V 合金熔模精铸件	
状态	104MPa，899℃下，热等静压 2h	
性能	紧凑拉伸（按 ASTM E-399）	短棒（按 SAEARP1704）
试验数据	106.9	112.1
	109.3	124.5
	98.6	124.3
	106.7	117.5
	112.4	121.2

2）Ti-6Al-4V 合金熔模精铸件的平均 K_{IC} 见表 9-35。

3）试验温度对正常（标准）成分 Ti-6Al-4V 合金和低间隙元素 Ti-6Al-4V 合金铸件断裂韧度的影响如图 9-38 所示。

表 9-35　Ti－6Al－4V 合金熔模精铸件的平均 K_{IC}

试验级别①	试验温度/℃	平均 $K_{IC}^{②}$/MPa · $m^{\frac{1}{2}}$
A 铸造厂 ELI	室温	112. 57
	－196	84. 35
	－253	74. 16
B 铸造厂 STD	室温	113. 03
	－196	77. 92
	－253	74. 71
A 铸造厂 STD 732℃退火	室温	103. 72
	－196	66. 16
	－253	60. 26
B 铸造厂 STD 843℃退火	室温	95. 30
	－196	70. 27
	－253	62. 58

① 拉伸性能和试验组别说明见表 9-17。

② K_{IC}按 ASTM E399 的规定。

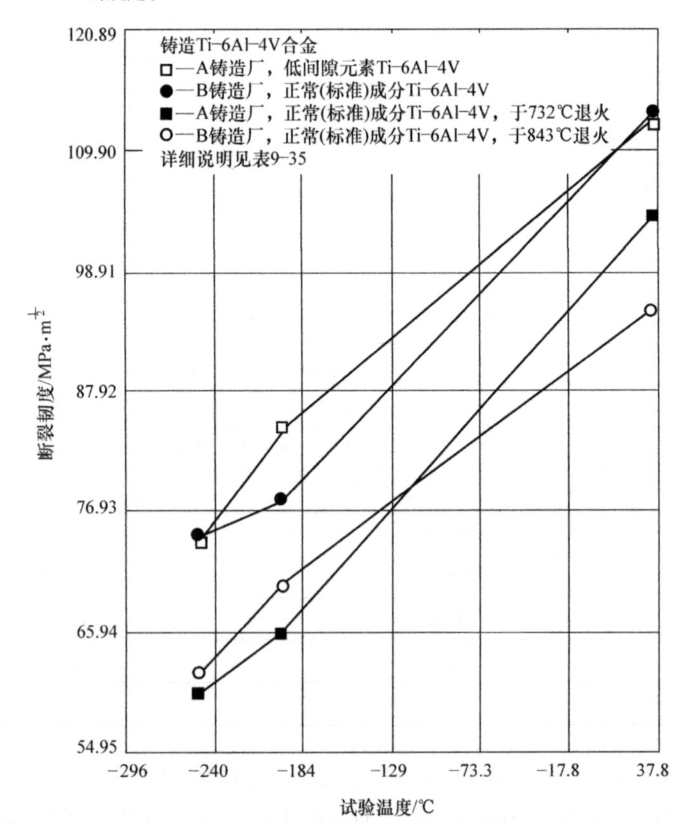

图 9-38　试验温度对正常（标准）成分 Ti－6Al－4V 合金和低间隙元素 Ti－6Al－4V 合金铸件断裂韧度的影响

4）疲劳裂纹扩展速率的比较如图 9-39 所示。

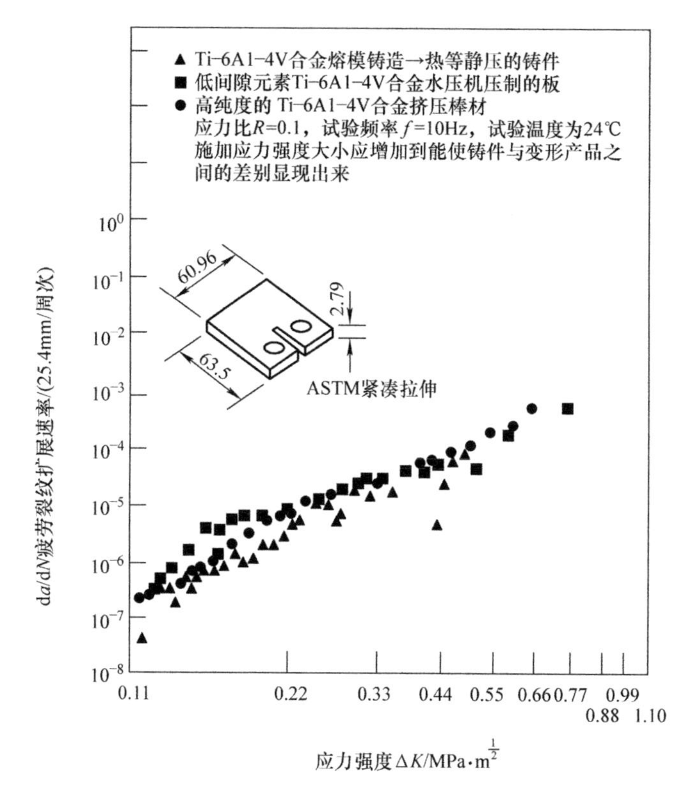

图 9-39　疲劳裂纹扩展速率的比较

5）未经补焊的工厂退火状态的 Ti－6Al－4V 合金铸件的疲劳裂纹扩展速率如图 9-40 所示。

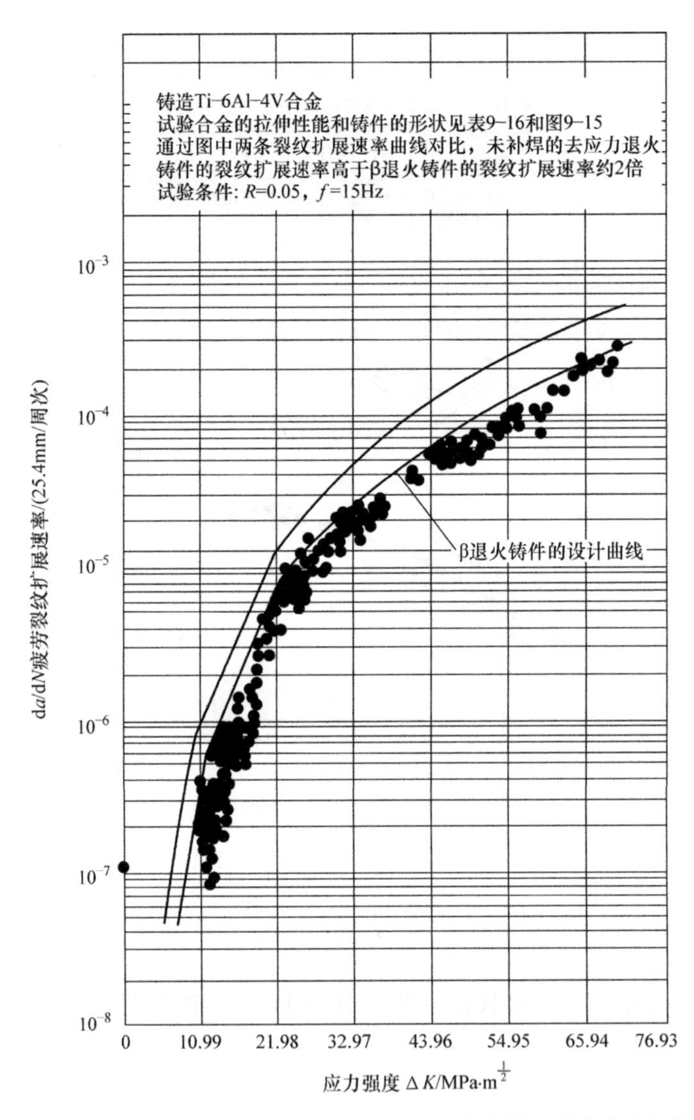

图 9-40　未经补焊的工厂退火状态的 Ti－6Al－4V 合金铸件的疲劳裂纹扩展速率

6）补焊过的经工厂退火后的 Ti－6Al－4V 合金铸件的疲劳裂纹扩展速率如图 9-41所示。

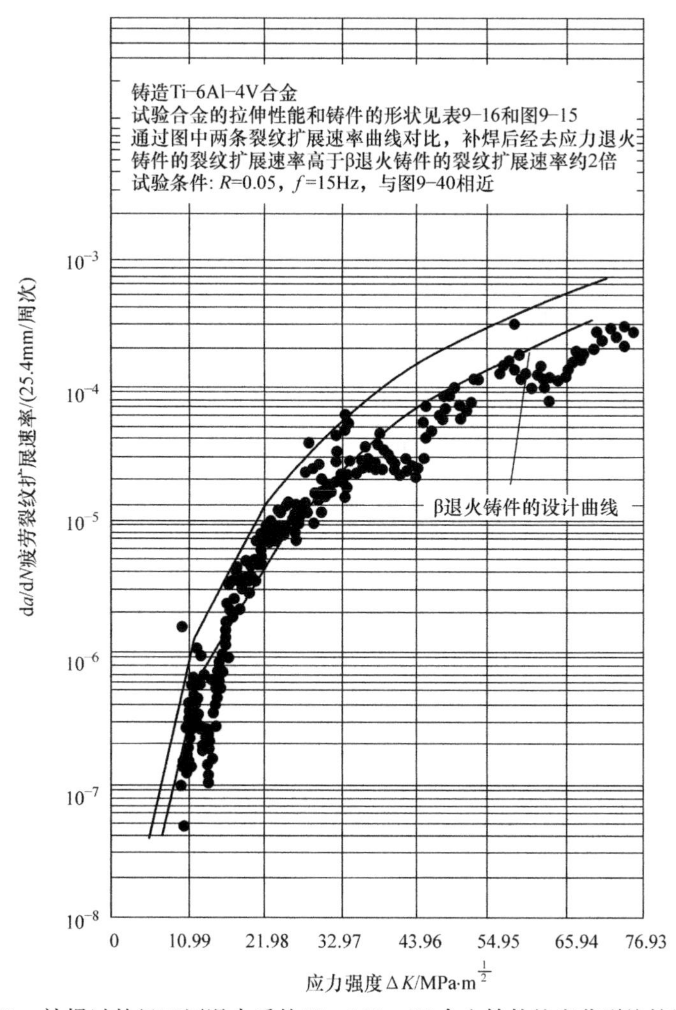

图9-41 补焊过的经工厂退火后的Ti-6Al-4V合金铸件的疲劳裂纹扩展速率

9.6 工艺性能

1. 焊接性能

（1）概述 该合金焊接时，焊接处要求非常干净，以避免产生气孔和焊接裂纹，该合金采用合适的方法是可以焊得很好的，计算机数字控制系统的发展使电子束焊在军用飞机上获得了成功应用。

（2）熔焊 熔焊要完全靠惰性气体保护来完成，钨极自耗电极电弧焊已经取得了好的结果，通常Ti-6Al-4V合金的焊接可采用Ti-6Al-4V、Ti-3Al或工业纯钛作为焊丝，钛基合金的焊接与低活性金属及其合金焊接之间的主要差别是，不仅熔池会吸收大气中的气体，并且被加热到607℃温度以上的钛固体的任何部分，都会吸收大气中的气体，而且吸收的速度随温度的升高而加快。由于Ti－6Al－4V合金的这种活性，在焊接时就需要对工件焊接区域采取有效的保护措施。

（3）电阻焊　Ti－6Al－4V合金电阻焊的技术要求与奥氏体不锈钢电阻焊类似。

（4）焊接性能分析

各种试验温度对用各种焊丝焊接的Ti－6Al－4V合金板的冲击性能的影响如表9-36和图9-42所示。

表9-36　各种试验温度对用各种焊丝焊接的Ti－6Al－4V合金板的冲击性能的影响

焊接板厚度/mm	焊丝		焊接工艺	焊接接头抗拉强度 R_m/MPa
	合金	O_2含量（质量分数,%）		
50.8	Ti－6Al－4V	112×10^{-6}	金属惰性气体保护焊	883.2
12.7	Ti－6Al－4V	42×10^{-6}	钨极惰性气体保护焊	765.9
50.8	A－55①	148×10^{-6}	金属惰性气体保护焊	572.7
12.7	Ti－5Al－2Cb－1Ta	72×10^{-6}	钨极惰性气体保护焊	717.6

① A－55即为AMSTi－55（工业纯钛）。

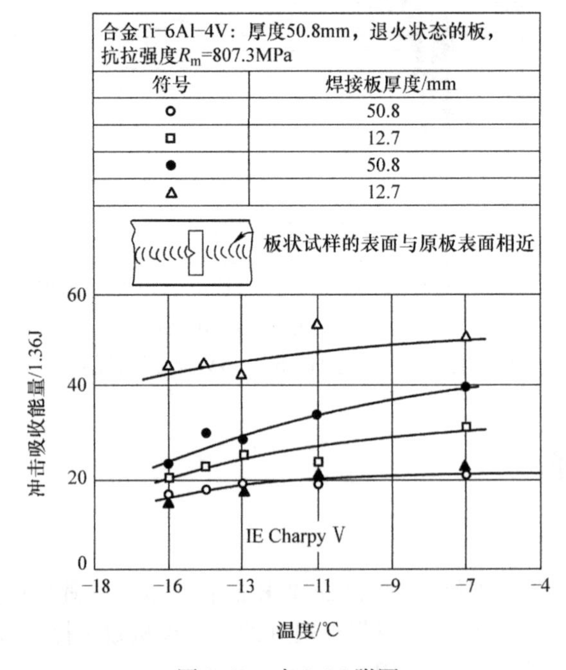

图9-42　表9-36附图

Ti－6Al－4V合金的电子束焊（EB）和惰性气体钨极电弧焊（GTA）拉伸性

能的比较见表9-37。

表9-37 Ti-6Al-4V合金的电子束焊（EB）和惰性气体钨极电弧焊（GTA）拉伸性能的比较

焊接工艺	状态	抗拉强度 R_m /MPa	条件屈服强度 $R_{p0.2}$/MPa	断后伸长率 A（%）
基体金属	—	972.9	855.6	14.5
电子束焊接（EBW）	焊接状态	1007.4	897.0	9.5
	焊后于699℃下热处理（PWHT）	986.7	883.2	8.0
	焊后于899℃下热处理（PWHT）	938.4	807.3	12.0
自动惰性气体钨极电弧焊（Automated）GTAW	焊接状态	979.8	883.2	8.0
	焊后于699℃下热处理（PWHT）	959.1	869.4	6.5
	焊后于899℃下热处理（PWHT）	897.0	786.6	12.5
手工惰性气体钨极电弧焊（Manual）GTAW	焊接状态	986.7	876.3	8.5
	焊后于699℃下热处理（PWHT）	966.0	869.4	6.5
	焊后于899℃下热处理（PWHT）	924.6	800.4	12

注：1. α+β加工的板，板厚5.95mm，化学成分如下：
$w_{Al}=6.01\%$；$w_V=4.01\%$；$w_{Cr}=0.14\%$；$w_{Fe}=0.13\%$；$w_O=0.11\%$；$w_N=0.004\%$；其余为Ti。
2. 所有试验的取样方向为纵向，所有试验数据为2次试验的平均值。
3. EBW—电子束焊。
4. GTAW—惰性气体钨极电弧焊。
5. PWHT—焊后热处理。

基体金属和焊接后的Ti-6Al-4V合金在几种状态下拉伸性能的比较见表9-38。

2. 表面处理工艺

铸件表面的残留粘污层（α层）可通过化学铣的方法加以去除。

表 9-38 基体金属和焊接后的 Ti－6Al－4V 合金在几种状态下拉伸性能的比较

状态	断口位置	抗拉强度 R_m /MPa	条件屈服强度 $R_{p0.2}$ /MPa	断后伸长率 A (%)
退火状态的基体金属	—	883.2	793.5	14.0
固溶时效状态的基体金属	—	1021.2	931.5	10.5
先退火、焊接、然后再消除应力退火	基体金属	890.1	828.0	4.8
先退火，焊接，然后再固溶时效处理	熔焊区	1014.3	890.1	8.0
先固溶处理，焊接，然后再时效处理	基体金属	1021.2	903.9	5.2
先固溶时效处理，焊接，然后再消除应力退火	基体金属	979.8	890.1	5.8
先固溶时效处理，焊接，最后消除应力退火	热影响区	945.3	890.1	4.0

注：板厚 2.54mm。消除应力退火和时效处理的温度分别为 607℃ 和 542℃，保温时间都是 1h，空冷；固溶处理工艺为 946℃ 下保温 0.5h，水淬。焊接时采用 Ti－6Al－4V 合金焊丝。

9.7 选材及应用

1. 应用概况与特殊要求

铸件表面缺陷的补焊是钛铸造工艺不可缺少的组成部分，它通常是采用钨极氩弧焊。补焊过的铸件一般应进行消除应力退火。补焊不会对铸造 Ti－6Al－4V 合金的力学性能产生有害影响。热等静压在铸件补焊前或补焊后进行都不会对它有任何不利影响。

2. 品种规格和供应状态

铸件以铸态或热处理状态供应，工业生产的绝大部分 Ti－6Al－4V 合金铸件是按照 MIL－H－81200A 标准，以工厂退火状态供应，具体由供需双方协商确定。

第10章

钛和钛合金铸件的切削加工

10.1 钛和钛合金铸件的切削加工性

1. 钛和钛合金同其他金属材料切削加工性的比较

钛和钛合金同其他金属材料切削加工性的比较见表10-1。由表10-1可见，钛及其合金是属于难加工的塑性材料。它们的切削加工要比铝合金和结构钢困难，工业纯钛的切削加工性优于钛合金。由表10-1也可发现，影响钛合金切削加工性的，除合金元素及其含量（即合金类型、强度与硬度）外，还有它的状态。例如同种合金在退火状态下的加工性优于固溶时效状态。在钛合金系列中，β型钛合金的切削加工性最差，α型和近α型钛合金的切削加工性比较好，α+β型钛合金居于β型和α型之间。

表10-1　钛和钛合金同其他金属材料切削加工性的比较

材料名称	材料状态	切削加工性[①]	材料名称	材料状态	切削加工性[①]
2017铝合金	固溶→人工时效	300	Ti-6Al-4V钛合金	退火状态	22
铅黄铜	—	200	Ti-8Al-1Mo-1V钛合金	退火状态	22
B1112回硫钢[①]	热轧状态	100	Ti-6Al-2Sn-6V钛合金	退火状态	20
1020碳素钢	冷拉状态	70	Ti-6Al-4V钛合金	固溶→时效	18
A340合金钢	退火状态	45	Ti-6Al-2Sn-6V钛合金	固溶→时效	16
工业纯钛	退火状态	40	Ti-13V-11Cr-3Al钛合金	退火状态	16
302不锈钢	退火状态	35	Ti-13V-11Cr-3Al钛合金	固溶→时效	12
Ti-5Al-2.5Sn钛合金	退火状态	30	A4340合金钢	淬火→回火(50Rc)	10
A4340合金钢	淬火及回火(40Rc)	25	HS_{25}钴基合金	退火状态	10
Ti-8Mn钛合金	退火状态	25	Rene 41镍基合金	固溶→时效	6

① 以B1112（回硫钢）为标准，设定其切削加工性为100。

2. 钛和钛合金的切削加工性比铝合金和结构钢困难的原因

1）钛和钛合金的热导率差，是不良导热体。它们的导热、导温系数小，尤其是钛合金的热导率只有工业纯钛的1/2、45#钢的1/6（见表10-2）。这样导致由切削加工产生的热不能迅速溃散，在相同的切削条件下，钛合金切削加工产生的温度比45#钢高一倍以上。同时钛合金切削加工时，刀具切削刃与切屑的接触长度短，使切削热积于切削刃附近的小面积内不易散发，使刀具温度，特别是刀尖温度急剧上升（见图10-1），导致刀具迅速磨损。严重时切屑还会发生燃烧，引发事故。

表10-2　现有的几种铸造钛和钛合金的热导率

合金牌号	工业纯钛			ZTA5	ZTA7	ZTA15	ZTC3	ZTC4	ZTC5	ZTC6	45#钢
	ZTA1	ZTA2	ZTA3								
热导率 λ/[W/(m·℃)](20℃)	19.3	19.3	19.3	8.79	8.8	6.0	8.4①	8.8②	8.4	7.10③	50

① 94℃下的λ。

② 100℃下的λ。

③ 92℃下的λ。

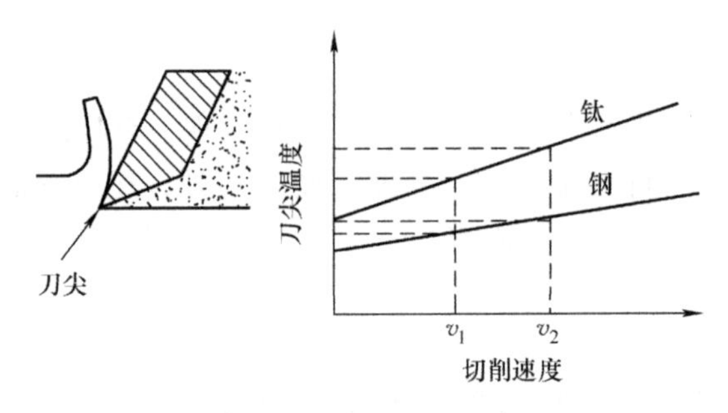

图10-1　切削加工钛和钢中刀具温度的比较

2）由于钛和钛合金的高化学活性，在切削加工过程中随着切削温度的升高，其会与空气中的氧、氮、氢、CO、CO_2、水蒸气等发生化学反应，使其间隙元素O_2、N_2、H_2的含量增高，导致加工工件和切屑表层变硬，限制切屑速度的提高，而且切屑难以塑性变形，它呈弯曲状挤裂型半不连续锯齿状，使切屑与刀面的接触长度减小，造成刀具的单位面积上所承受的切削力增加，约为结构钢的130%～150%，使刀尖部位应力集中；同时刀具的前刀面与切屑摩擦，后刀面与加工表面摩擦，从而导致刀具迅速磨损或崩刃。

3）钛和钛合金的弹性模量小，屈强比$R_{p0.2}/R_m$大，为0.85～0.95（钢只有0.65～0.75），而它们的弹性模量只有钢的二分之一，与钢相比，在切削加工过程中容易发生较大变形、扭曲。尤其是细长的铸件，除非采用合适的支承或大的切削力，否则切削时，切削刀具会发生滑移，铸件在刀具压力的作用下会弯曲，并导致振动、刀具磨损和加工铸件尺寸误差，铸件的加工精度不易得到保证，表面粗糙度增高。另一方面，已被加工的表面产生较大的回弹（弹性后效），使切削刀具实际后角减小，从而使后刀面与铸件加工表面产生摩擦，也加剧刀具的磨损。

4）钛和钛合金的变形系数小于1或接近1。这样在切削加工过程中，大大增加了切屑在前刀面上滑动摩擦的路程，从而也加速了刀具的磨损。

5）钛和钛合金在切削加工过程粘刀现象严重，这是由于钛的亲和性大，切削过程随着切削温度的升高，刀具－切屑单位接触面积上的压力大，已加工表面容易产生回弹等多种因素的综合影响。切削时，切屑被加工表面与刀具材料“咬合”产生严重的粘刀现象。在切削加工过程中，粘刀会引起刀具严重的黏结磨损。

6）由于钛合金铸件的功用不同，要求它的性能和状态也不同。因而使得它们的热处理工艺和组织状态也不一样，最终导致同一种牌号的合金在不同状态下的切削加工性出现很大的差别，这可以从表10-1中见到，Ti－6Al－4V合金退火状态下的切削加工性为22，经“固溶→时效”处理后就变为18，降低了近20%。

7）加工方法不同，其切削加工的困难程度也不相同，其中最困难的是深孔钻孔和深孔攻螺纹。切削加工由易到难的排序为，车削→刨削→铰削→钻孔（深孔钻孔除外）→铣削→车螺纹→拉削→攻螺纹（深孔攻螺纹除外）→磨削。

10.2　钛和钛合金铸件切削加工的设备和方法

钛和钛合金铸件切削加工所用的设备与用于加工钢和其他有色金属及合金铸件的设备基本相同。但是由于钛合金铸件的切削加工性差，最好是使用刚性好的大型号和大功率的机床。

钛和钛合金铸件的切削加工特性虽然与普通金属（铝和结构钢）铸件有些不同，但它们在加工方法上仍然接近于A4340之类的低合金钢。用于钢和其他金属及其合金铸件的各种传统切削加工方法（车削、刨削、铰削、钻孔、镗削、扩孔、铣削、刮削、拉削、磨削、攻螺纹等）都适用于钛和钛合金铸件的加工，但在加工过程选用的各种工艺参数是不一样的。

10.3　钛和钛合金铸件切削加工过程的主要参数

与钛和钛合金铸件切削加工过程密切相关的主要参数有切削刀具、切削力和所需功率、切削液等。后面分别对这几个主要参数加以讨论。

1. 切削刀具

（1）刀具材料　由于钛及其合金的特性使得它们的切削加工比普通钢和铝合金难。切削加工钛和钛合金铸件的刀具材料，不仅要求具有高的抗弯强度和硬度，而且还要求有好的韧度、热硬性、散热性、耐磨性和工艺性等。为了研制具有上述性能的刀具，从事这方面研究的专家进行了大量的工作，发展了新的刀具材料，主要进展是在刀具表面上涂硬质合金，以及发展了陶瓷、金属陶瓷、立方氮化硼、氮化硅和多晶金刚石等新型刀具材料。这些刀具材料在铸铁、钢、高温合金和铝合金等的切削加工中已获得成功应用。但是，遗憾的是这些材料的刀具对钛合金铸件的切削加工速度改善并不大。目前在工业生产中获得大量应用的，仍然是二十世纪五六十年代就发展应用成功的硬质合金刀具和高速钢刀具材料等。

1）硬质合金作为刀具材料有 WC－Co（YG）类和 WC－TiTaCa（NbC）－Co 类以及 WC－TiC－Co（YT）类合金等。对于钛和钛合金铸件的切削加工宜选用 WC－Co（YG）类和 WC－TaC（NbC）－Co 类硬质合金刀具，不应选用 WC－TiC－Co（YT）类合金刀具，因为 Ti 与 YT 类中的 TiC 有很强的亲和力，而且 YT 类合金的散热性不如 YG 类合金。另外含 TiC 较低的 WC－TiC－TaCa（NbC）－Co（YW）类硬质合金也可用。常用的硬质合金刀具材料见表 10-3。

表 10-3　常用硬质合金刀具材料

牌号	抗弯强度 σ_{bb}/MPa	硬度 HRA ≥	刀具种类	选用范围
YW4	1300	92	车刀、铣刀	粗车氧化皮、半精车、粗镗
813	1765	92		
YA6	1765	92		
YG3X	1078	91.5		
YS2（YG10H）	2158	91.5	车刀、镗刀、螺纹车刀、铣刀、钻头、铰刀、拉刀	粗车氧化皮、半精车、粗镗、粗铣氧化皮、半精拉、钻、铰、拉
YD15（YGRM）	1765	92		
YG8	1741	89		
Y330	1960	90.5	铣刀、铰刀、钻头、拉刀	粗铣氧化皮、半精铣、钻削、铰削、拉削
YG6X	1320	91.0	车刀、镗刀、铣刀、钻头、铰刀	粗车氧化皮、半精车、粗铣、钻、铰、拉

2）高速钢作为刀具材料的种类比硬质合金多，有钨系高速钢、钼系高速钢、高钴高速钢、高碳高钴高速钢、高碳高钒高速钢、高碳高钒含铝高速钢等。常用切削加工钛和钛合金铸件的高速钢刀具材料见表 10-4。除此之外，目前还有两种超硬刀具材料——金刚石和立方氮化硼也可用来切削加工钛和钛合金铸件。

表 10-4　常用切削钛和钛合金铸件的高速钢刀具材料

牌号	抗弯强度 σ_{bb}/MPa	硬度 HRC	600℃时硬度 HV	刀具种类	适用范围
W12Mo3Cr4V3Co5Si	2844～3334	66～69	575	车刀、铣刀、成形铣刀、拉刀、螺纹刀具、钻头、铰刀	半精加工 精加工
W2Mo9Cr4VCo8	1765～2354	66～69	590	车刀、铣刀、成形铣刀、拉刀、螺纹刀具、丝锥	半精加工 精加工

（续）

牌号	抗弯强度 σ_{bb}/MPa	硬度 ARC	600℃时硬度 HV	刀具种类	适用范围
W10Mo4Cr4V3Co10	1961～2550	66～69	580	车刀	半精加工 精加工
W6Mo5Cr4V2Al	4511～4609	65～69	600	车刀、铣刀、成形铣刀、拉刀、螺纹刀具、钻头、铰刀、丝锥	半精加工 精加工
W10Mo4Cr4V3Al	2452～3138	66～69	580	铣刀、钻头、铰刀	半精加工 精加工
W18Cr4V	1863～3531	62～66	550	小孔钻头	钻薄壁小孔

（2）刀具的几何参数　钛和钛合金铸件切削加工使用的刀具前角及主偏角应较小，并需磨出适当的刀尖圆弧，后角应较大，其他的参数随着加工方法变化。此外，刀具的前后刀面的表面粗糙度应较小，一般 Ra 不应大于 0.2μm。

（3）刀具寿命　在切削加工钛和钛合金铸件的过程中刀具会磨损，磨损的原因很复杂，是机械－化学作用的综合结果，主要由磨料磨损、扩散磨损、氧化磨损、疲劳磨损、热裂磨损或塑性变形等造成的。究竟哪一种磨损起主要作用，则与刀具材料、加工工件材料及切削条件等有关。钛合金铸件切削加工过程刀具的磨损特点如下：

1）钛合金铸件切削加工过程中，前后刀面均会发生磨损。通常前刀面磨损严重，后刀面磨损轻微，磨损带较窄，在前刀面形成月牙洼（见图10-2）与切削刃相连。有时也出现刀尖严重磨损情况。

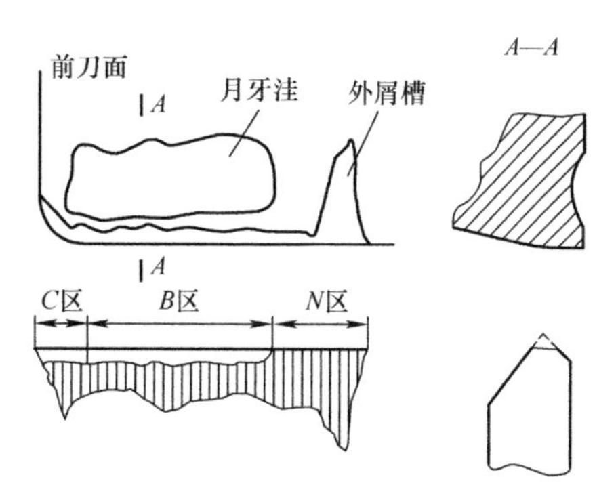

图10-2　车刀典型磨损形态

2）在用YG类硬质合金刀具切削钛合金铸件时，在前刀面月牙洼表面会形成TiC黏结层。并且由于扩散的原因，在前刀面已形成的月牙洼表面形成TiC黏结层，同时还生成碳化物与氧化物。

3）由于钛和钛合金的亲和力大，在前、后刀面常发生较严重的黏结磨损；同时由于钛和钛合金的弹性模量小，回弹量大，更加剧了工件已加工表面与后刀面之间的摩擦与黏结，在工件与刀具的相对运动过程中，刀具常被大片撕裂。

从上述可知，刀具是有一定寿命的，刀具寿命是指新刃磨的刀具从开始切削一直到磨损量达到磨钝标准时所经历的切削时间。衡量刀具磨钝的标准为，刀具完全失效，如崩刃、刃片碎裂、切削刃软化、塑性变形；刀具磨损使加工工件尺寸出现偏差；刀具变钝，使加工工件表面粗糙度达不到要求值。

刀具寿命受多种因素影响，每种钛合金切削加工的刀具寿命是不完全相同的。刀具的寿命通常是通过实验获得的。图 10-3 所示为车削 Ti－6Al－4V 合金时，切削速度和进给量对刀具寿命的影响。由图 10-3 可见，在高的切削速度下，刀具的寿命是很短的，随着切削速度的降低，刀具的寿命显著增长。图 10-4 所示为平面铣削 Ti－6Al－4V 合金时，切削速度对刀具寿命的影响。图 10-5 所示为 Ti－6Al－4V 合金钻孔时，切削速度对钻头寿命的影响。图 10-6 所示为磨削 Ti－3Al－13V－11Cr（时效状态）合金时砂轮的转动速度对磨比 G 的影响（G = 去除金属的体积/砂轮磨损）。

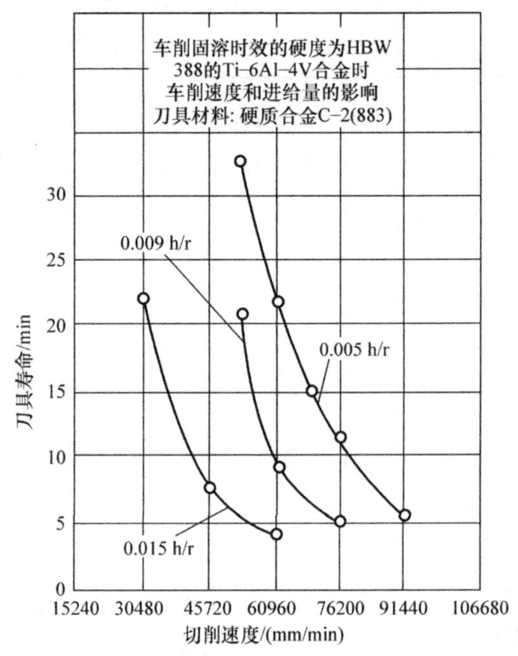

图 10-3　车削 Ti－6Al－4V 合金时，切削速度和进给量对刀具寿命的影响

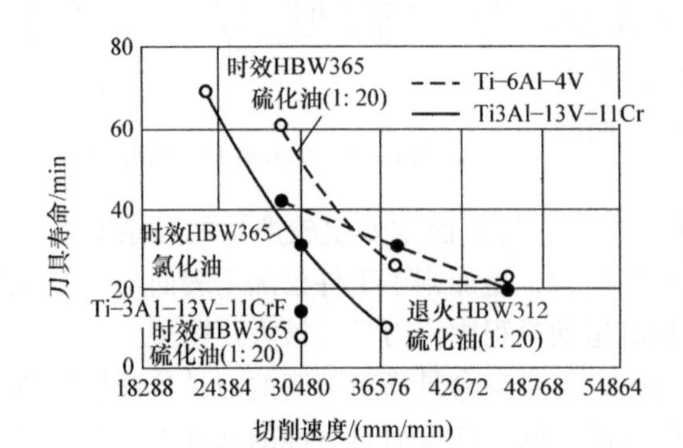

刀具: 硬质合金C2直径为101.6mm，单点平面铣刀；切削宽度为50.8mm;刀具寿命终点为0.3mm磨损度

刀具角度及切削参数: 切削Ti−6Al−4V时，轴向前角为0°，径向前角为−10°，刀尖角为3°，副偏角为6°，侧隙角为12°
进给量为0.15mm/齿；切削深度为1.3mm

图 10-4　平面铣削 Ti－6Al－4V 合金时，切削速度对刀具寿命的影响

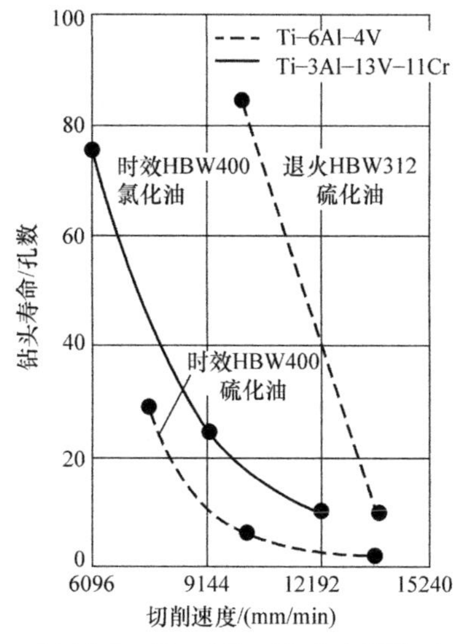

图 10-5　Ti－6Al－4V 合金钻孔时，切削速度对钻头寿命的影响

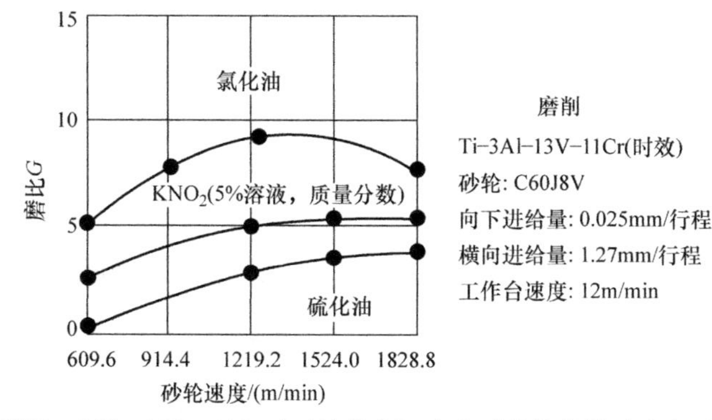

图 10-6　磨削 Ti－3Al－13V－11Cr（时效状态）合金时砂轮的转动速度对磨比 G 的影响

由图 10-3、图 10-4、图 10-5 可见，钛合金的切削加工刀具寿命对进给量的变化也是很敏感的。工业上通常是在可保证有长的刀具使用寿命的切削速度下工作的。刀具寿命与进给量、切削速度和其他机械加工参数的特性曲线是通过计算机技术得出的，这里只能推荐一些经验法则。例如，切削加工钛时，工件与切屑之间要形成高的剪切角，结果导致薄切屑快速从刀具面上穿出，这样切屑将会擦伤刀具切削刃，并熔焊到刀具切削刃上，最终加速刀具的磨损与破损。当采用昂贵的加工刀具时，生产量可能比切削刀具寿命更重要，这时应使刀具以最大的能力进行加工，然后一发现刀具的切削效率开始显著下降就立即更换，同时尽可能定期维修。

2. 切削力和所需功率

机械加工过程中的力可以通过刀具测力计加以确定。在车削过程中刀具测力计通常可以测出三个分力——切削力或切向力，推力或分离力，进刀力或轴向力。切削力是很重要的，它决定着切削加工所需求的功率；推力或分离力决定着加工零件获得的尺寸精度。采用正常的估算办法，车削和铣削时需要的功率，可以通过测量切削加工时加工刀具驱动电动机的输入功率减去刀具装置的重量或空转的功率（无用功率）而获得。在大多数切削加工中的所需功率，可以通过单位功率需求预先算出。钛与其他几种主要合金车削、钻削或铣削时所需的平均单位功率的比较见表10-5。图10-7所示为切削加工钛与钢和铝所需要的切削力的比较。由表10-5和图10-7可见，加工钛所需要的切削力和单位功率比钢略低，而比加工铝要高许多。为便于估算，若以1单位功率作为加工同钛等硬度的钢所需的功率，那么钛则约为0.9单位功率。

表10-5　钛与其他几种主要合金车削、钻削或铣削时所需平均单位功率的比较

被加工材料	加工材料硬度HBW	使用锋利刀具切削加工所需单位功率①		
		车削	钻削	铣削
		高速钢和硬质合金刀具	高速钢钻头	高速钢和硬质合金刀具
钢	150～400	1.4	1.4	1.5
钛	250～375	1.2	1.1	1.1
高温镍基和钴基合金	200～360	2.5	2.0	2.0
铝合金	30～150	0.25	0.16	0.32

① 表中数据为蜗杆传动马达所需要的功率，精确到蜗杆传动效率的80%。钝的刀具应比表中的数据多25%。

3. 切削液

钛及钛合金铸件切削加工时，正确地选用切削液，可对加工铸件和切削刀具起到有效的冷却、润滑、清洗排屑及防锈作用，而且还可降低钛与切削刀具的相互作用，形成边界润滑，降低摩擦，减少钛屑与前刀面的黏结，可减小切削力和降低切削温度，提高切削加工效率和加工表面质量，延长刀具寿命。

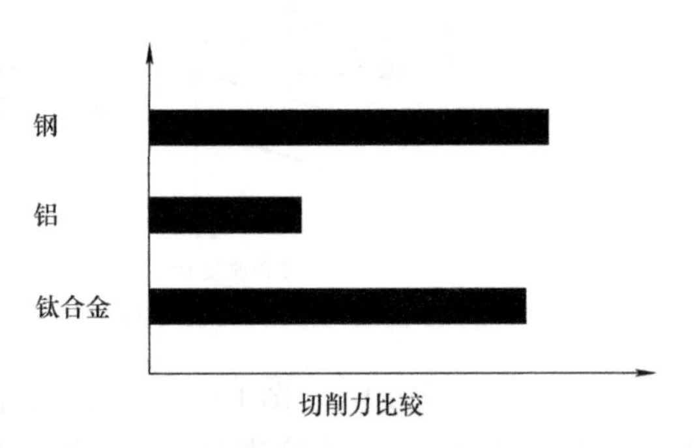

图10-7　切削加工钛、钢、铝所需切削力的比较

在选用钛及钛合金铸件切削加工的切削液时，不仅要考虑到上述的冷却、润滑等作用，而且还应考虑到它不应对钛及钛合金铸件的力学性能和使用性能产生有害的影响。经过试验和使用实践发现，一些含氯或其他卤素元素（如硫等）的切削液，会对钛及钛合金铸件的力学性能与使用性能产生不良的影响，可能引起应力腐蚀裂纹，尤其是对于在有一定温度和应力作用下工作的构件，如航空发动机上的构件，在加工时更应注意这个问题。如果必须使用上述的含氯或类似的切削液，在加工完后必须立即对构件进行仔细彻底地清洗。

经过试验和长期使用推荐，钛和钛合金铸件切削加工推荐选用的切削液见表10-6。

表 10-6　钛和钛合金铸件切削加工推荐选用的切削液

型号及名称	类别	组成成分	质量分数（%）	主要特点	适用的切削加工工艺
HGS－113 型	化学切削液	—	—	浅棕色半透明，无味、无毒、不含氯化合物，排放方便	车削 铣削 磨削 钻削 拉削
QTS－1		氯化脂肪酸聚氧乙烯醚	0.5	无色透明，冷却作用好，但含氯化合物，工序后及时清洗零件	
		磷酸三钠	0.5		
		亚硝酸钠	1.0		
		三乙醇胺	0.5～1.0		
		水	其余		
自配		亚硝酸钠	1	无色透明，冷却渗透作用大，有对人体有害的化合物	磨削 更适合缓进磨削
		苯甲酸钠	0.5		
		甘油	0.5		
		三乙醇胺	0.4		
		水	其余		
一号切削液	乳化油	石油磺酸钠	11.5	乳白色或半透明的液体，无味，冷却作用大	车削 铣削 磨削 钻削
		环烷酸锌	11.5		
		磺化油 DAH	12.7		
		三乙醇胺油酸皂(10:7)	3.5		
		10 号机械油	其余		
自配	混合油	硅化切削油	30	油类切削液，冷却、润滑作用好	攻螺纹 铰削
		煤油	15		
		油酸	30		
		10 号或 20 号机械油	25		
		蓖麻油	60	—	攻螺纹 铰削
		煤油	40		
		N_{32} 机械油	1/3	冷却、润滑性能好	深孔钻钻削
		煤油	1/3		
		蓖麻油	70	冷却、润滑效果好	特别适合攻螺纹
		乙醇（无水酒精）	30		
		聚醚	30	冷却、润滑性能好，而且极压性也好	特别适合拉削、钻孔、磨削
		脂类油	30		
		5 号高速机械油	30		
		防锈添加剂、抗泡沫添加剂	10		

10.4　钛和钛合金铸件切削加工参数的选择

在钛和钛合金铸件切削加工过程中，加工参数选择得不正确，将对钛及钛合金铸件的基本力学性能和使用性能产生不良的影响。在钛和钛合金铸件切削加工参数中，两个最重要的参数是切削速度和进给（进刀）量，通过控制切削速度和进给量，就可降低刀具面和切削刃产生的温度，从而大大减少它的影响。经过长期的生产经验积累和各种研究试验，已经总结发展了如下一整套成功经济的钛和钛合金铸件的切削加工生产技术：

1）采用低的切削速度。从前述已知，刀尖的温度受切削速度的影响比任何其他因素的影响都大，例如碳钢刀具的切削速度从6m/min升高到46m/min（圆周速度）时，刀尖的温度就从427℃升高到927℃。图10-8所示为切削速度对刀具切屑温度的影响。由图10-8可见，随着切削速度的增加，刀具－切屑温度迅速升高。

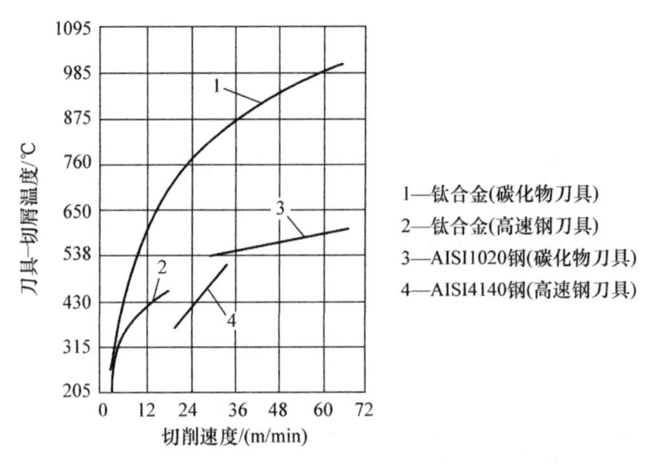

图10-8　切削速度对刀具切屑温度的影响

2）保持大的进给量（进刀量）。刀尖温度受进给量的影响不像切削速度那么大。例如进给量由每周的0.05mm增大到每周的0.51mm时，刀尖的温度仅仅提高了149℃。大的进给量与好的切削加工经验很好地结合起来，可取得良好的加工效率。

3）采用大流量的切削液，这样可以带走切削加工产生的热量，冲去切屑，降低切削力。

4）采用锋利的和具有正确几何参数与尺寸的刀具，一旦发现刀具有磨损痕迹、不锋利时，就应立即更换，或者从产量与成本比来考虑刀具的更换。切削加工钛，刀具的磨损不是呈线性的，它与加工同等强度钢的刀具磨损情况是不一样的（见图10-9）。从图10-9可以看出，加工钛的刀具比加工钢的刀具刃带磨损得更快，即加工钛的刀具容易磨损，一旦磨损就很快完全破坏。

5）当刀具与工件都处于转动接触中时不能停止进给（走刀），若在这种情况下让刀具短暂停顿将会使工件表面出现硬化和粘污、划伤、黏附，甚至使整个刀具破损。

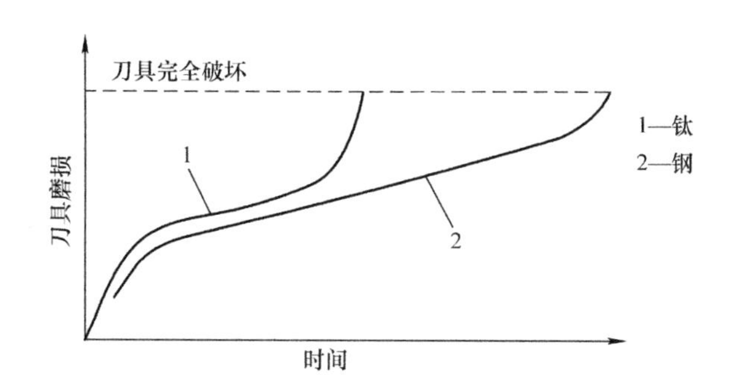

图 10-9　加工钛和加工同等强度钢刀具刃带磨损情况的比较

对上述这些基本准则，在切削加工过程中可以根据实际情况适当调整和修改。

下面准备对钛和钛合金铸件常用的几种切削加工——车削、铣削、磨削和钻孔（削）等的要点与加工工艺参数进行介绍。其他几种切削加工，可参阅相关参考文献。

1. 车削

工业纯钛及钛合金铸件的车削并不是十分困难的。用硬质合金 YG8、YD15、YG643 以及类似种类的刀具车削都可以获得满意的结果。钴基合金高速钢刀具是许多可用高速钢刀具中最好的，对于粗车削来说，为了降低生产成本，即使采用废弃的硬质合金刀具，也可以达到较高的生产速度。

车削时车床上伸出物在任何情况下都应调到最短，以防工件弯曲，同时还应注意防止钛污染刀具侧面，加工工件应对中，以防止被顶尖卡死。目前国内外钛和钛合金铸件的车削加工工艺参数见表 10-7。目前国内外钛和钛合金铸件切断车削加工用量参数见表 10-8。精车时刀具应采用切削液冷却，具体选用何种切削液见表 10-6。

2. 铣削

目前工业上应用的钛和钛合金铸件，有很大一部分切削加工是铣削。由于铣削为断续切削，铣刀容易崩刃。又因钛合金的高化学活性，钛屑易与切削刀刃黏结，当粘屑的刀刃再次切入工件时，钛屑被挤在刀刃和工件切削表面之间，会使刀具崩刃或产生其他损伤，降低刀具寿命。因此钛和钛合金铸件的铣削比车削困难，成本也比车削高。

采用铣削加工可以加工平面、侧面台阶、沟槽、成形面和齿面等。由于这样铣削加工用的铣刀种类也比较多，按用途可分为两大类：加工平面的铣刀，有圆柱形

表 10-7 目前国内外钛和钛合金铸件的车削加工工艺参数

被加工材料		硬度 HBW	状态	切削深度/mm	高速钢刀具				硬质合金刀具				
					切削速度/(m/min)	进给量/(mm/r)	推荐刀具材料	刀具几何参数	切削速度 钎焊/(m/min)	切削速度 可转位/(m/min)	进给量/(mm/r)	推荐刀具材料	刀具几何参数
工业纯钛和α型合金	ZTA1 ZTA2 ZTA3 Ti-Pd合金	150~200	铸后退火	1	41	0.13	W12Cr4V5Co5Mo W2Mo9Cr4VCo8	前角 $r_0=6°\sim12°$ 后角 $a_0=5°\sim8°$ 主偏角 $k_r=45°\sim90°$ 副偏角 $k_r'=5°\sim15°$ 刃倾角 $\lambda=0°\sim50°$ 刀尖圆弧半径 $r_\varepsilon=0.5\sim1.5$mm 倒棱或第一前刀面的宽度 $b_{r1}=0.05\sim0.3$mm 倒棱前角 $r_{01}=0°\sim10°$	130	145	0.13	YD15、YG643 YG819	前角 $r_0=3°\sim7°$ 后角 $a_0=8°\sim12°$ 主偏角 $k_r=45°\sim75°$ 副偏角 $k_r'=15°$ 刃倾角 $\lambda=0°\sim5°$ 刀尖圆弧半径 $r_\varepsilon=0.5\sim1.5$mm 倒棱或第一前刀面的宽度 $b_{r1}=0.05\sim0.3$mm 倒棱前角 $r_{01}=0°\sim10°$
				4	34	0.25			110	130	0.25		
				8	26	0.40			82	90	0.40	YD15、YS2 YG819	
				16	—	—			41	46	0.50		
		200~320		1	30	0.13			115	125	0.13	YD15、YG643 YG819	
				4	26	0.25			100	105	0.25		
				8	20	0.40			75	81	0.40	YD15、YS2 YG819	
				16	—	—			38	41	0.50		
α、近α和α+β型合金	ZTA5 ZTA7 ZTA15 ZTC3 ZTC4 ZTC5 ZTC6 ZTC21 Ti-8Al-1Mo-1V	300~325	铸后退火或固溶时效	1	20	0.13			69	85	0.13	YD15、YG643 YG819	
				4	17	0.25			59	70	0.20		
				8	12	0.40			44	53	0.25	YD15、YS2 YG819	
				16	—	—			21	27	0.40		
		325~350		1	17	0.13			52	69	0.13	YD15、YG643 YG819	
				4	15	0.25			44	59	0.20		
				8	11	0.40			34	44	0.25	YD15、YS2 YG819	
				16	—	—			17	21	0.40		

注：除国内钛及其合金牌号外，其余的是美国的铸造钛合金牌号。

表 10-8 目前国内外钛和钛合金铸件的切断车削加工用量参数

被加工材料		硬度 HBW	状态	切削速度/(m/min)	进给量/(mm/r)								推荐刀具材料	刀具几何尺寸
					切断刀宽度/mm			成形刀宽度/mm						
					1.5	3	6	12	18	25	35	150		
工业纯钛和α型合金	ZTA1 ZTA2 ZTA3 Ti－Pd 合金	150～200	铸后退火	30	0.025	0.05	0.075	0.075	0.063	0.05	0.038	0.025	W12Cr4V5Co5Mo、W2Mo9Cr4VCo8	见表10-7
				60									YS2、YG643、YD1544A	
		200～320		24									W12Cr4V5Co5Mo、W2Mo9Cr4VCo8	
				49									YS2、YG643、44A	
α、近α和α＋β型合金	ZTA5 ZTA7 ZTA15 ZTC3 ZTC4 ZTC5 ZTC6 ZTC21 Ti－8Al－1Mo－1V	300～325	固溶时效	15	0.025	0.038	0.05	0.05	0.038	0.025	0.025	0.018	W12Cr4V5Co5Mo、W2Mo9Cr4VCo8	
				34									YS2、YG643、44A	
		325～350		12	0.018	0.025	0.038	0.038	0.025	0.025	0.018	0.013	W12Cr4V5Co5Mo、W2Mo9Cr4VCo8	
				26									YS2、YG643、44A	

注：除国内钛及其合金牌号外，其余的是美国的铸造钛合金牌号。

铣刀、面铣刀等；加工沟槽用铣刀，有立铣刀、键槽铣刀、三面刃铣刀、锯片铣刀、燕尾槽铣刀、T形槽铣刀、角度铣刀等。

铣削加工的方式有顺铣和逆铣（见图10-10）以及端面铣。顺铣是在铣刀与工件已加工表面的切点处，旋转铣刀切削刃的运动方向与工件的进给方向相同；逆铣与顺铣相反，旋转铣刀切削刃的运动方向与工件的进给方向相反。在钛的铣削加工中，如果允许采用顺铣，就应尽可能采用顺铣，因为顺铣可以延长刀具的寿命，降低加工表面粗糙度，例如平面铣采用逆铣时（见图10-10b），当铣刀铣削完钛后，由于铣削过程产生高温，钛切屑熔接在刀齿上，当每个刀齿再入工件时，熔接在刀齿上的切屑折断，结果使刀具迅速磨损，而且还使加工表面粗糙度增大，由图10-10a可见，采用顺铣，当刀齿离开工件时，只能产生薄的切屑，大大减少了切屑熔接在刀齿上的可能性，从而延长了刀具的寿命，提高了工件加工表面的质量。但是顺铣技术不一定总是能用，有的情况下只能采用逆铣。

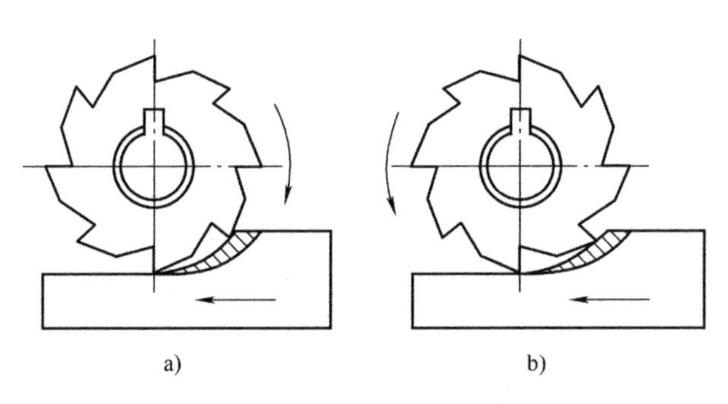

图10-10　铣削加工的方式
a）顺铣　b）逆铣

在钛和钛合金铸件的铣削加工过程中，不论是铣削平面、端面还是铣削沟槽等，采用高速钢刀具都比用硬质合金刀具经济，因为硬质合金刀具的韧度和刚性都不如高速钢刀具。在整个铣削加工过程中，应采用锐利的铣刀，以降低刀具磨损和切屑的熔焊倾向，而且不同用途的加工刀具应采用不同的几何形状和尺寸，例如用于端铣的铣刀必须具有足够的出屑槽，以防止刀齿粘焊切屑和刀具过早损坏，同时还应采用足够流量的切削液，最好是采用水基切屑液，具体选用何种切削液见表10-6。目前国内端面铣刀平面铣削钛及钛合金铸件的工艺参数见表10-9。铣削过程的工艺参数有铣削速度、进给量、铣削深度、铣削宽度。目前国内圆柱铣刀平面铣削钛和钛合金铸件的工艺参数见表10-10。目前国内三面刃铣刀侧面和槽铣削钛和钛合金铸件的工艺参数见表10-11。目前国内立铣刀侧面铣削钛及钛合金铸件的工艺参数见表10-12。目前国内立铣刀槽铣削钛及钛合金铸件工艺参数见表10-13。

表 10-9　目前国内端面铣刀平面铣削钛及钛合金铸件的工艺参数

被加工材料		硬度 HBW	状态	切削深度/mm	高速钢刀具				硬质合金刀具						
					切削速度/(m/min)	进给量/(mm/齿)	推荐刀具材料	刀具几何参数	切削速度		进给量/(mm/r)	推荐刀具材料	刀具几何参数		
									钎焊/(m/min)	可转位/(m/min)			几何参数	可转位	焊接式
工业纯钛和α型合金	ZTA1 ZTA2 ZTA3 Ti－Pd 合金	150～200	铸后退火	1	36.8	0.10	W12Cr4V5Co5 W2Mo9Cr4VCo8	轴向前角 $r_p=5°$ 径向前角 $r_f=5°$ 主偏角 $k_r=45°～75°$ 副偏角 $k'_r=6°～12°$ 轴向后角 $\alpha_p=10°～12°$ 径向后角 $\alpha_f=10°～12°$ 刀尖圆弧半径 $r_\varepsilon=0.5～1.0mm$	104	128	0.15	YG6X，YW2，YG6，YS2，YG8，YG640	轴向前角 r_p	0°～5°	0°～5°
				4	29.6	0.15			92	108	0.20				
				8	21.6	0.20			67.2	84	0.25				
		200～300		1	28.0	0.10			92	108	0.15	YG6X，YW2，YG6，YS2，YG8，YG640			
				4	23.2	0.15			72	92	0.20		径向前角 r_f	0°～7°	0°～7°
				8	16.8	0.20			60.8	72	0.25				
α、近α和α＋β型合金	ZTA5 ZTA7 ZTA15 ZTC3 ZTC4 ZTC5 ZTC6 Ti－8Al－1Mo－1V	300～325	铸后退火或固溶时效	1	19.2	0.07			60.8	72	0.10	YG6X，YW2			
				4	16	0.13			48	60.8	0.15	YG6，YS2			
				8	11.2	0.18			40	48	0.20	YG8，YG640	主偏角 k_r 副偏角 k'_r 轴向后角 α_p 径向后角 α_f 刀尖圆弧半径 r_ε	45°～75° 6°～12° 10°～12° 10°～12° 0.5～1.0mm	
		325～350		1	16.8	0.07			49.6	60.8	0.10	YG6X，YW2			
				4	14.4	0.13			40	48	0.15	YG6，YS2			
				8	11.2	0.18			30.4	37.6	0.20	YG8，YG640			

注：除国内钛及其合金牌号外，其余的为美国合金牌号。

表 10-10　目前国内圆柱铣刀平面铣削钛和钛合金铸件的工艺参数

<table>
<tr><th colspan="2" rowspan="4">被加工材料</th><th rowspan="4">硬度
HBW</th><th rowspan="4">状态</th><th rowspan="4">切削
深度
/mm</th><th rowspan="4">切削
速度
/(m/min)</th><th rowspan="4">进给量
/(mm/齿)</th><th colspan="5">刀　　具</th></tr>
<tr><th rowspan="3">高速钢
刀具材料</th><th colspan="4">刀具几何参数</th></tr>
<tr><th rowspan="2">参数</th><th colspan="3">铣刀直径</th></tr>
<tr><th>10</th><th>20</th><th>40</th></tr>
<tr><td rowspan="6">工业纯钛和
α 型合金</td><td rowspan="6">ZTA1
ZTA2
ZTA3
Ti－Pd 合金</td><td rowspan="3">150
～
200</td><td rowspan="6">铸后
退火</td><td>1</td><td>30. 4</td><td>0. 10</td><td rowspan="12">W12Cr4V5Co5
W2Mo9Cr4VCo8</td><td rowspan="12">第一径向后角 α_{f1}
第二径向后角 α_{f2}
径向前角 r_f
轴向后角 α_p
螺旋角 β
刃带宽度 b</td><td rowspan="2">10～11
18～20</td><td rowspan="2">8～9
15～18</td><td rowspan="2">7～8
11～17</td></tr>
<tr><td>4</td><td>21. 6</td><td>0. 13</td></tr>
<tr><td>8</td><td>16. 8</td><td>0. 15</td><td colspan="3" rowspan="10">5°
5°～8°
30°
0. 05～0. 10</td></tr>
<tr><td rowspan="3">200
～
320</td><td>1</td><td>21. 6</td><td>0. 10</td></tr>
<tr><td>4</td><td>14. 4</td><td>0. 13</td></tr>
<tr><td>8</td><td>11. 2</td><td>0. 15</td></tr>
<tr><td rowspan="6">α、近 α 和
α＋β 型合金</td><td rowspan="6">ZTA5
ZTA7
ZTA15
ZTC3
ZTC4
ZTC5
ZTC6
ZTC21
Ti－8Al－1Mo－1V</td><td rowspan="3">300
～
325</td><td rowspan="6">铸后退火
或固溶
时效</td><td>1</td><td>11. 2</td><td>0. 10</td></tr>
<tr><td>4</td><td>8. 8</td><td>0. 13</td></tr>
<tr><td>8</td><td>6. 4</td><td>0. 15</td></tr>
<tr><td rowspan="3">325
～
350</td><td>1</td><td>9. 6</td><td>0. 10</td></tr>
<tr><td>4</td><td>7. 2</td><td>0. 13</td></tr>
<tr><td>8</td><td>4. 8</td><td>0. 15</td></tr>
</table>

注：除国内合金牌号外，其余的为美国的合金牌号。

表 10-11 目前国内三面刃铣刀侧面和槽铣削钛及钛合金铸件的工艺参数

被加工材料		硬度 HBW	状态	切削深度/mm	高速钢刀具				硬质合金刀具				
					切削速度/(m/min)	进给量/(mm/r)	推荐刀具材料	刀具几何参数	切削速度 钎焊/(m/min)	切削速度 可转位/(m/min)	进给量/(mm/r)	推荐刀具材料	刀具几何参数
工业纯钛和α型合金	ZTA1 ZTA2 ZTA3 Ti-Pd 合金	150~200	铸后退火	1	27.2	0.07	W12Cr4V5Co5 W2Mo9Cr4VCo8	轴向前角 $r_p=10°\sim15°$ 径向前角 $r_f=0°\sim5°$ 轴向后角 $\alpha_p=5°\sim7°$ 径向后角 $\alpha_f=6°\sim10°$	72	88	0.10	YG6X，YW2	轴向前角 $r_p=0°\sim5°$ 径向前角 $r_f=0°\sim5°$ 轴向后角 $\alpha_p=5°\sim7°$ 径向后角 $\alpha_f=6°\sim10°$
				4	21.6	0.10			68	84	0.13	YG6，YS2	
				8	16.8	0.13			60.8	76	0.18	YG8，YG640	
		200~320		1	19.2	0.07			68	84	0.10	YG6X，YW2	
				4	16	0.10			60.8	76	0.13	YG6，YS2	
				8	12	0.13			55.2	68	0.18	YG6，YG640	
α、近α和α+β型合金	ZTA5 ZTA7 ZTA15 ZTC3 ZTC4 ZTC5 ZTC6 ZTC21 Ti-8Al-1Mo-1V	300~325	铸后退火或固溶时效	1	12	0.05			55.2	60.8	0.10	YG6X，YW2	
				4	9.6	0.07			42.4	48	0.13	YG6，YS2	
				8	6.4	0.10			36.8	42.4	0.18	YG8，YG640	
		325~350		1	9.6	0.05			48	55.2	0.10	YG6X，YW2	
				4	8.8	0.07			36.8	42.4	0.13	YG6，YS2	
				8	6.4	0.10			24	32	0.18	YG8，YG640	

注：除国内合金牌号外，其余的为美国的合金牌号。

表 10-12　目前国内立铣刀侧面铣削钛及钛合金铸件的工艺参数

被加工材料		硬度HBW	状态	切削深度/mm	高速钢刀具										硬质合金刀具							
					切削速度/(m/min)	进给量/(mm/齿)				刀具材料	刀具几何参数				切削速度/(m/min)	进给量/(mm/齿)				刀具材料	刀具几何参数	
						刀具直径/mm					参数	铣刀直径/mm				刀具直径/mm					参数	铣刀直径/mm 10 20 40
						10	12	18	25~50			10	20	40		10	12	18	25~50			
工业纯钛和α型合金	ZTA1 ZTA2 ZTA3 Ti-Pd	150~200	铸后退火	0.5	30.4	0.038	0.075	0.13	0.15	W18Cr4V, W6Mo5Cr4V2, W6Mo5Cr4V2Al	第一径向后角 α_{f1}	10°~11°	8°~9°	7°~8°	92	0.025	0.075	0.13	0.18	YG6 YW2	第一径向后角 α_{f1}	$\alpha_0=12°$
				1.5	27.2	0.050	0.102	0.15	0.18		第二径向后角 α_{f2}	18°~20°	15°~18°	11°~17°	84	0.050	0.102	0.15	0.20			
				直径/4	16	0.038	0.050	0.075	0.10		径向前角 r_f	5°			53.6	0.038	0.075	0.13	0.18		第二径向后角 α_{f2}	15°
				直径/2	11.2	0.025	0.038	0.050	0.075		轴向后角 α_p	5°~8°			39.2	0.025	0.050	0.10	0.15		径向前角 r_f	$r_0=0°$
		200~320		0.5	28	0.025	0.050	0.10	0.13		螺旋角 β	30°			84	0.025	0.050	0.13	0.18			
				1.5	21.6	0.050	0.075	0.13	0.15						80	0.050	0.075	0.15	0.20		轴向后角 α_p	5°~8°
				直径/4	13.6	0.038	0.050	0.075	0.10		刃带宽度 b	0.05~0.15mm			48	0.038	0.050	0.13	0.18		螺旋角 β	30°
				直径/2	9.6	0.025	0.038	0.050	0.075						36.8	0.025	0.025	0.10	0.15			

（续）

α、近α和α+β型合金	ZTA5 ZTA7 ZTA15 ZTC3 ZTC4 ZTC5 ZTC6 ZTC21 Ti-8Al-1Mo-1V	300~325	铸后退火或固溶时效	0.5	21.6	0.025	0.050	0.10	0.13	W12Cr4V5Co5	刃带宽度 b	0.05~0.15mm	67.2	0.025	0.050	0.13	0.18	YG6 YW2	螺旋角 β	30°
				1.5	19.2	0.050	0.075	0.13	0.15				60.8	0.050	0.075	0.15	0.20		刃带宽度 b	0.05~0.15mm
				直径/4	11.2	0.025	0.038	0.050	0.075				39.2	0.038	0.050	0.13	0.15			
				直径/2	7.2	0.025	0.025	0.038	0.050				29.6	0.025	0.025	0.10	0.13			
		325~350		0.5	18.4	0.025	0.050	0.10	0.13				55.2	0.025	0.050	0.13	0.18			
				1.5	16	0.050	0.075	0.13	0.15				48	0.050	0.075	0.15	0.20			
				直径/4	9.6	0.025	0.038	0.050	0.075				27.2	0.038	0.050	0.13	0.15			
				直径/2	7.2	0.025	0.025	0.038	0.050				19.2	0.025	0.025	0.10	0.13			

注：除国内合金牌号外，其余的都是美国合金牌号。

表 10-13　目前国内立铣刀槽铣削钛及钛合金铸件的工艺参数

被加工材料		硬度 HBW	状态	轴向切削深度 /mm	切削速度 /(m/min)	进给量/(mm/齿)				刀具	
						槽宽/mm				高速钢刀具材料(除标注之外)	刀具几何参数
						10	12	18	25～50		
工业纯钛及α型合金	ZTA1 ZTA2 ZTA3 Ti－Pd 合金	150～200	铸后退火	0.75	20.8	0.025	0.050	0.102	0.13	W18Cr4V W6Mo5Cr4V2 W6Mo5Cr4V2Al	见表 10-12
				3	18.4	0.025	0.050	0.102	0.13		
				直径/2	14.4	0.025	0.038	0.075	0.102		
				直径/1	11.2	0.018	0.025	0.050	0.075		
		200～320		0.75	13.6	0.025	0.050	0.075	0.102		
				3	12.0	0.025	0.050	0.075	0.102		
				直径/2	11.2	0.018	0.038	0.050	0.075		
				直径/1	9.6	0.013	0.025	0.038	0.050		
α、近α和α+β型合金	ZTA5 ZTA7 ZTA15 ZTC3 ZTC4 ZTC5 ZTC6 ZTC21 Ti－8Al－1Mo－1V	300～325	铸后退火或固溶时效	0.75	12.0	0.025	0.050	0.075	0.102		
				3	11.2	0.025	0.050	0.075	0.102		
				直径/2	9.6	0.018	0.038	0.050	0.075		
				直径/1	8.8	0.013	0.025	0.038	0.050		
		325～350		0.75	11.2	0.025	0.050	0.075	0.102		
				3	9.6	0.025	0.050	0.075	0.102		
				直径/2	8.8	0.018	0.038	0.050	0.075		
				直径/1	7.2	0.013	0.025	0.038	0.050		

注：除国内合金牌号外，其余都是美国合金牌号。

3. 磨削

磨削是钛及钛合金铸件去除浇冒口残根最常用的切削加工方法，同时它也属于铸件表面精加工工序。它是靠砂轮或其他磨具对工件表面进行切削加工。钛及钛合金的磨削特点如下：磨削过程温度升得很快、很高，所需磨削力比45#钢大；磨削过程砂轮黏附现象严重，导致磨屑黏附砂轮和部分磨粒剥落；与其他金属相比，钛及钛合金的磨削比很低，如用白刚玉磨削 ZTC4 合金时，其磨削比仅为1～2，而45#钢为50～100，因此难以获得高的生产效率；由于钛及钛合金的高化学活性，再加上磨削时温升快，温度高，致使发生化学反应，从而改变了砂轮的磨损性质，导致砂轮磨损失效快；磨削的表面易被烧损，加工工件表面质量不易保证，同时存在起火的危险。由于上述原因，与普通钢铸件的磨削相比，钛及钛合金铸件的磨削应采用极低的砂轮速度和小的磨削量。下面分别介绍砂轮磨削和砂带磨削。

（1）砂轮磨削　钛及钛合金铸件的砂轮磨削采用的砂轮通常有碳化硅和氧化铝两种，可根据铸件对磨削的要求加以选用。砂轮最适合的砂粒粒度，对于碳化硅来说为 80～100 目，对于氧化铝来说则应为 60～80 目。结合剂宜选用陶瓷结合剂，硬度应为 K～M（ZR～Z）。组织可采用中等偏疏松或 5～8 号疏松砂轮的组织，磨削钛及钛合金铸件推荐选用的砂轮[3] 见表 10-14。碳化硅砂轮和氧化铝砂轮各有优缺点：用碳化硅砂轮磨削一般可得到较低的表面粗糙度，磨削速度也比较高，在精加工磨削时需用磨削油，存在易起火的危险，用氧化铝砂轮磨削，最终获得工件内产生的残余应力较低。在相同冷却条件和各自最好的磨削速度下，碳化硅砂轮的耐磨性不如氧化铝砂轮，但碳化硅砂轮最合理的磨削速度却比氧化铝砂轮大得多。例如，当它们都以 1828m/min 的速度磨削时，碳化硅砂轮比氧化铝砂轮更好。磨削钛最理想的砂轮是用脆的磨料（32A），或与其相当的磨料制成的氧化铝砂轮。

美国的一个最主要的磨削加工磨具制造商推荐碳化硅砂轮用于切割和手工磨削，氧化铝砂轮用于圆柱体和平面的表面磨削，同时还提出了通用的典型指导性原则：在磨削过程应采用锋利的修整过的砂轮；可以采用最大直径和最厚的砂轮；倾向于用较硬的砂轮；磨削时磨削加工设备的主轴应采用最大的功率。

表 10-14　磨削钛及钛合金铸件推荐选用的砂轮

砂轮的组成	外圆磨		平面磨		切割砂轮的组成
	粗磨	精磨	粗磨	精磨	
磨料	GC（TL）	GC（TL）	GC（TL）	GC（TL）	GC（TL）
粒度	46#	60#	36#，46#	46#，60#	24#，36#
组织	6～8	6～8	6～8	6～8	5～7
硬度①	J（R3）	K（ZR_1）	K（ZR_1）	K（ZR_1）	M（Z_1）
结合剂	V（A）	V（A）	V（A）	V（A）	V（A）

① 普通磨料砂轮硬度等级及其代号。

评定磨削加工效果的指标有：磨比 G（G = 去除金属的体积/砂轮磨损体积）、工件的表面粗糙度和残余应力。影响这几个指标的因素有磨削量（即最小吃刀深度）、磨削速度和切削液及其类型等。每一行程最小磨削量为 0.0127mm，横向进给在 0.64～6.4mm/行程时，可得到最高的磨比 G；如果磨削量由 0.0127mm/行程提高到 0.038mm/行程，则磨比 G 就要降低。因此在磨削过程中，磨削量应控制在 0.0127～0.025mm/行程，横向进给量控制在 1.27mm/行程。钛及钛合金铸件的磨削用量参考值及注意事项见表 10-15。此外，磨削速度和切削液及其类型也影响磨比 G（见图 10-6）和工件的质量与性能。当砂轮和切削液一定时，采用高的磨削速度，对加工工件的表面会产生不利的影响，例如碳化硅砂轮采用 >609m/min 的磨削速度磨削 Ti－6Al－4V 合金时，会在工件表面 0.0254mm 深的表面层产生大于 480.5MPa 的残余拉应力，降低合金的疲劳性能。而以磺胺氯油作切削液，使用碳化硅砂轮以 609m/min 的磨削速度磨削的工件，具有较好的表面粗糙度和尺寸公差，表面的残余应力也较低。钛和钛合金铸件通常不能采用干磨，应使用切削液，不同的切削液对磨比 G 的影响是不同的。单独水冷效果不好，采用硝酸氨基切削液或水剂的硝酸钠混合物作为切削液效果比较好。采用普通硫化油作切削液虽可减少起火的危险，但其磨比 G 较低，而用重氯化油冷却就可提供最高的磨比 G。另外切削液的浓度对磨比 G 的影响也很大，例如用没有冲稀的磨削油，可得到最高的磨比 G，而冲稀后 G 值就降低。当采用油作切削液时存在起火的危险，因此必须采用如下的防火措施：在外加的磨削液循环管路上，必须尽可能装设灭火装置；在磨削液的循环管路上，应想办法装设过滤器，以去除磨削液中的钛粉末；在磨削工件外表面时应不断地清除钛粉末；与磨削普通钢相比，磨削油应更换得更加频繁；在加工机床旁应备有灭火材料，如滑石粉之类的物质。

表 10-15　钛及钛合金铸件磨削用量参考值及注意事项

磨削种类		平面磨		外圆磨		内圆磨	
		粗磨	精磨	粗磨	精磨	粗磨	精磨
磨削速度	砂轮速度 v/(m/s)	15~20	15~20	15~20	15~20	20~25	20~25
	工作台速度 v_m/(m/min)	14~20	8~14	—	—	—	—
	零件速度 v_w/(m/min)	—	—	15~30	15~30	15~45	15~45
	磨削深度 α_p/mm	0.025	≤0.01	0.025	≤0.01	0.01	0.005
	横向进给量 f_a/mm	0.5~5，最大1/10 砂轮宽度		—	—	—	—
	纵向进给量/(f_a/砂轮宽度 B)	—	—	1/5	1/10	1/3	1/6
砂轮		GC60JU($TL60R_3A$)					
注意事项	1. 适用湿磨，干磨时应选用较软的砂轮 2. 砂轮适用于一次装夹中的粗磨与精磨，分两次装夹时，粗磨应选用较硬的砂轮 3. 平磨及外圆磨时，如砂轮直径大于 350mm，应选用软一级砂轮 4. 内圆磨砂轮最大宽度为砂轮直径的 1.5 倍，孔的长度为孔径的 2.5 倍 5. 内圆磨砂轮，适用于孔直径为 20~50mm 的湿磨，孔径再大时，可选用较软的砂轮，孔径再小时，可选用较硬的砂轮						

（2）砂带磨削　由于钛及其合金在物化性能上的特性，使它们比其他金属更难用砂带磨削加工。磨削过程极易产生高的温升，使钛与空气中的氧、氮发生作用，部件表面产生硬化层。同时，钛容易与砂带上的砂粒粘合而降低砂带的寿命。通常粗加工选用粒度为 40~80 目的砂带，且粒度 80 目的比 40 目或 60 目的好些；精加工可选用 120 目~220 目的砂带。砂带磨钛和钛合金铸件，会使表面产生较大的残余应力，随后必须通过去应力退火或化学铣削的方法予以消除或减小。砂带磨削钛和钛合金铸件采用的砂带结构及工艺参数见表 10-16。

表 10-16 砂带磨削钛和钛合金铸件采用的砂带结构及工艺参数

加工类型	砂带结构				磨削工艺参数				
	砂粒粒度/目③	砂带背衬	涂层结构	黏结剂	磨削速度/(m/min)	进给压力/MPa	磨削深度/mm	磨削液	工作台速度/(m/min)
初磨	40~80	E纸X布	致密	树脂	300~450	—	—	没有	—
粗磨	40~80 最好为80	E纸X布	致密	树脂	457~670②	0.82~0.55	0.0508	有①	3
精磨	120~220	E纸X布	致密	树脂	457~670②	0.82~0.55	0.0508	有①	3

① 纸砂带使用重硫化氯化油（燃点为165℃或更高些）；布砂带使用10%亚硝酸氨防锈剂水溶液或5%亚硝酸钾溶液，也有使用15%三磷酸钠或磷酸钾溶液的。

② 优先考虑。

*** 目为筛号。

4. 钻孔

钻孔为半封闭式切割，钻孔过程中的切削力和切削温度比车削、铣削高，再加上钛和钛合金的切削特点，致使上述现象更加严重。钛合金钻削（孔）后已加工表面回弹量大，易使钻头被咬住或扭断；切屑长而薄，呈卷曲状，易黏结在钻头上，排除困难。因此钛合金铸件的钻孔是比较困难的，特别是钻深孔时切屑堆积在钻头的排屑槽内。由于切屑阻塞而使切削液不能通畅地流向切削刃，从而使钻头温度上升，导致钻头迅速磨钝，咬住或扭断，同时还可能使铸件加工质量低劣，甚至报废。

影响钛和钛合金铸件顺利钻削的主要因素是出屑堵塞和污点、斑点等。这些因素又取决于所钻孔的深度、使用的钻头和被钻削的合金类型及状态。要想在钛和钛合金铸件上顺利完成钻孔加工，在操作过程中应遵循以下四项原则。

（1）采用低的钻削速度和较大的进给量　在对钛和钛合金铸件进行钻孔加工时，应采用低的钻削速度和较大的进给量。钛及钛合金铸件的普通钻孔加工用量和使用的刀具[4]见表10-17。钛及钛合金铸件的内排屑深孔钻孔加工用量和使用的刀具见表10-18。钛及钛合金铸件的外排屑深孔钻孔加工用量和使用的刀具见表10-19。

（2）采用具有正确结构与几何形状的短钻头　钛及钛合金铸件的钻孔，应采用短的并具有适合于钻削钛及钛合金铸件孔的正确结构与几何形状的锐利钻头。据相关文献介绍，钛及钛合金铸件的钻孔最好是采用麻花钻头。这是因为，麻花钻头的顶角较小，为沿整个切削刃表面提供了一个合适的后隙角，使冲击载荷减小30%，而且麻花钻的钻尖刚好终止在钻头的中心，钻孔时易于对中。但是，标准的麻花钻头还并不能完全满足钻削钛及钛合金铸件孔径的正确结构与几何形状的钻头要求，需要加以改进，具体做法有以下四种。

表 10-17　钛及钛合金铸件的普通钻孔加工用量和使用的刀具

<table>
<tr><th colspan="2" rowspan="3">被加工材料</th><th rowspan="3">硬度
HBW</th><th rowspan="3">状态</th><th rowspan="3">切削
速度/
(m/min)</th><th colspan="6">进给量/(mm/r)</th><th colspan="5">刀具</th></tr>
<tr><th colspan="6">孔的公称直径 ϕ/mm</th><th rowspan="2">推荐刀具材料</th><th colspan="4" rowspan="2">几何参数</th></tr>
<tr><th>3</th><th>6</th><th>12</th><th>20</th><th>30</th><th>50</th></tr>
<tr><td rowspan="7">工业纯
钛和 α
型合金</td><td rowspan="7">ZTA1
ZTA2
ZTA3
Ti - Pd 合金</td><td rowspan="7">150 ~ 200
200 ~ 320</td><td rowspan="7">铸后
退火</td><td rowspan="3">16 ~ 21</td><td rowspan="3">0.02 ~ 0.04</td><td rowspan="3">0.06 ~ 0.10</td><td rowspan="3">0.10 ~ 0.15</td><td rowspan="3">0.13 ~ 0.20</td><td rowspan="3">0.15 ~ 0.25</td><td rowspan="3">0.18 ~ 0.30</td><td rowspan="7">W6Mo5Cr4V2Al
W6Mo5Cr4V2</td><td colspan="4">标准型</td></tr>
<tr><td colspan="4">顶角 $2K_r = 118° \sim 130°$</td></tr>
<tr><td rowspan="4">后角
α_f</td><td rowspan="4">钻头
直径
ϕ/
mm</td><td>6</td><td>14°</td></tr>
<tr><td rowspan="4">10 ~ 14</td><td rowspan="4">0.02 ~ 0.04</td><td rowspan="4">0.06 ~ 0.10</td><td rowspan="4">0.10 ~ 0.15</td><td rowspan="4">0.13 ~ 0.20</td><td rowspan="4">0.15 ~ 0.25</td><td rowspan="4">0.18 ~ 0.30</td><td>12</td><td>10° ~ 12°</td></tr>
<tr><td>18</td><td>8°</td></tr>
<tr><td>24</td><td>7°</td></tr>
<tr><td colspan="4">螺旋角：标准型</td></tr>
<tr><td rowspan="7">α、近
α 和
α + β
型合金</td><td rowspan="7">ZTA5
ZTA7
ZTA15
ZTC3
ZTC4
ZTC5
ZTC6
ZTC21
Ti - 8Al - 1Mo - 1V</td><td rowspan="7">300 ~ 325
325 ~ 350</td><td rowspan="7">铸后
退火
或固
溶时效</td><td rowspan="3">6 ~ 8</td><td rowspan="3">0.02 ~ 0.04</td><td rowspan="3">0.04 ~ 0.07</td><td rowspan="3">0.07 ~ 0.11</td><td rowspan="3">0.09 ~ 0.15</td><td rowspan="3">0.12 ~ 0.20</td><td rowspan="3">0.15 ~ 0.25</td><td rowspan="7">W6Mo5Cr4V2Al
W2Mo9Cr4VCo8</td><td colspan="4">加厚钻心</td></tr>
<tr><td colspan="4">顶角 $2K_r = 125° \sim 135°$</td></tr>
<tr><td rowspan="4">后角
α_f</td><td rowspan="4">钻头
直径
ϕ/
mm</td><td>6</td><td>14°</td></tr>
<tr><td rowspan="4">5 ~ 7</td><td rowspan="4">0.02 ~ 0.04</td><td rowspan="4">0.04 ~ 0.07</td><td rowspan="4">0.07 ~ 0.11</td><td rowspan="4">0.09 ~ 0.15</td><td rowspan="4">0.12 ~ 0.20</td><td rowspan="4">0.15 ~ 0.25</td><td>12</td><td>10° ~ 12°</td></tr>
<tr><td>18</td><td>8°</td></tr>
<tr><td>24</td><td>7°</td></tr>
<tr><td colspan="4">螺旋角：标准型</td></tr>
</table>

注：除国内合金牌号外，其余的都是美国的合金牌号。

表10-18　钛及其钛合金铸件的内排屑深孔钻孔加工用量和使用的刀具

被加工材料		硬度HBW	状态	切削速度/(m/min)	进给量/(mm/r)						刀具	
					孔的公称直径 ϕ/mm						推荐刀具材料	几何参数
					10	20	30	45	60	80		
工业纯钛和α、型合金	ZTA1 ZTA2 ZTA3 Ti－Pd合金	150~200	铸后退火	47~68	0.03~0.05	0.08~0.12	0.10~0.15	0.18~0.25	0.25~0.35	0.28~0.40	YG8 YG6X YG813 YD15	见图10-12
		200~320		38~54	0.03~0.05	0.08~0.12	0.10~0.15	0.16~0.23	0.20~0.30	0.25~0.35		
α、近α和α+β型合金	ZTA5 ZTA7 ZTA15 ZTC3 ZTC4 ZTC5 ZTC6 ZTC21 Ti－8Al－1Mo－1V	300~325	铸后退火或固溶时效	29~41	0.03~0.05	0.08~0.12	0.10~0.15	0.16~0.23	0.18~0.25	0.20~0.30	YG6X YG813 YD15 YS2	
		325~350		19~27	0.03~0.05	0.08~0.12	0.10~0.15	0.14~0.20	0.18~0.25	0.20~0.30		

注：除国内合金牌号外，其余的都是美国的合金牌号。

表10-19　钛及钛合金铸件的外排屑深孔钻孔加工用量和使用的刀具

被加工材料		硬度HBW	状态	切削速度/(m/min)	进给量/(mm/r)						刀具	
					孔的公称直径 ϕ/mm						推荐刀具材料	几何参数
					5	10	18	25	35	50		
工业纯钛和α、型合金	ZTA1 ZTA2 ZTA3 Ti－Pd合金	150~200	铸后退火	35~55	0.006~0.010	0.010~0.015	0.011~0.018	0.014~0.023	0.016~0.025	0.022~0.035	YG6X YG643 YG813	见图10-12
		200~320		30~45	0.006~0.010	0.010~0.015	0.011~0.018	0.014~0.023	0.016~0.025	0.022~0.035		
α、近α和α+β型合金	ZTA5 ZTA7 ZTA15 ZTC3 ZTC4 ZTC5 ZTC6 ZTC21 Ti－8Al－1Mo－1V	300~325	铸后退火或固溶时效	22~32	0.006~0.010	0.010~0.015	0.011~0.018	0.014~0.023	0.016~0.025	0.022~0.035		
		325~350		19~27	0.006~0.010	0.010~0.015	0.011~0.018	0.014~0.023	0.016~0.025	0.022~0.035		

注：除国内合金牌号外，其余的都是美国的合金牌号。

1）用标准麻花钻头改磨，增加钻头的强度和刚性。可将高速钢W18Cr4V的标准麻花钻头加以适当改磨，这样就可顺利地钻削钛合金铸件的普通孔径（即深孔），并提高钻头的寿命。钻头的修磨方法如下：

① 加大钻头顶角，使 $2K_r = 135° \sim 140°$。

② 修磨横刃，其修磨方式有两种（见图 10-11），“S”形的轴向钻削刃小于“X”形，但“X”形比较容易修磨，并且排屑较顺利。因此“X”形钻削钛合金铸件优于“S”形。钻头横刃修磨宽度 $b_\phi = (0.08 \sim 0.1)D$（$D$ 为钻头直径），在此应保证横刃的不对称度小于 0.06mm。“S”形和“X”形均可以形成第二切削刃，该刃上应磨出 3° ~ 8°的前角，以起分屑作用，并减小轴向力。

③ 当钻头直径 $D \geqslant 6$mm 时，在切削刃上开磨出不对称的分屑槽。

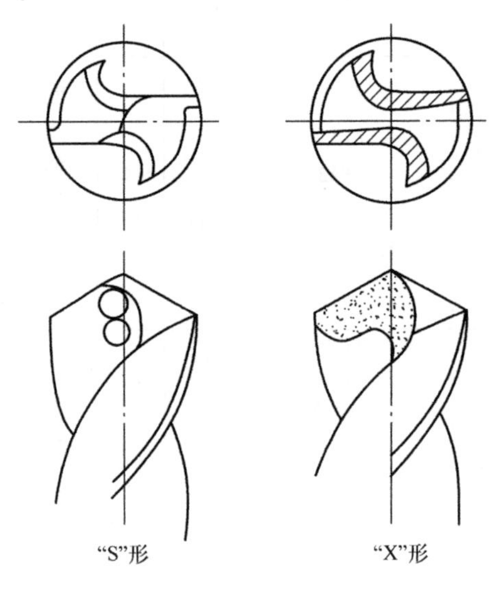

图 10-11　钻头横刃的修磨

2）采用专用麻花钻头并对其结构与几何参数进行改进，如增大螺旋角 β 至 35° ~ 40°；增大钻心厚度 d_0 至（0.4 ~ 0.22）D，随钻头直径 D 的增大，其中的系数应逐渐取小值；增大钻头外缘处后角 α_{fr} 至 12° ~ 15°；加大钻头顶角 $2K_r$ 至 135° ~ 140°，横刃磨成“X”形或“S”形；严格控制切削刃对钻头轴线的跳动量，当钻头直径为 3 ~ 25mm 时，它不应大于 0.03 ~ 0.10mm。

3）当要钻削深孔时，应采用结构合理的深孔钻（见图 10-12），此时的钻削用量应加以调整。如当钻削速度 $v = 24$m/min，进给量 $f = 0.13$mm/r 时，钻出孔的表面粗糙度 Ra 可达 1.6μm，壁厚差可达 0.1mm；当切削速度 $v = 3.8$m/min，进给量 $f = 0.1$mm/r 时，钻出孔的表面粗糙度 Ra 可达 1.6μm，壁厚差可达 0.02mm。当钻削孔深与孔径比 $L/D > 5$ 的深孔时，通常可采用焊接式硬质合金枪钻（见图 10-12）。采用这样的深孔钻钻削钛合金铸件，可以取得良好的钻削效果，在合理的切削用量下，可保证钻出孔的表面粗糙度 Ra 达到 1.6μm，而生产率可比用普通钻头提高2 ~ 4 倍。

4）为提高钻头的耐磨性，钻头的外表面最好能涂覆一层氮化钛或氧化物涂层，以防止钻头切削刃过早磨损。有条件的地方，还可设计专用的四刃带麻花钻头（见图 10-13），即将钻头设计制造成具有四条导向刃带的结构，这样改变了钻头的截面形式，加大了截面惯性矩，提高了钻头的刚性，特别是小直径钻头的刚性。这种四刃钻头不易折断，而且在钻头上自然地形成了两条辅助冷却槽，钻削时钻头可获得充分冷却，使切削区的温度比标准麻花钻降低 15% ~ 20%。因此这种钻头的

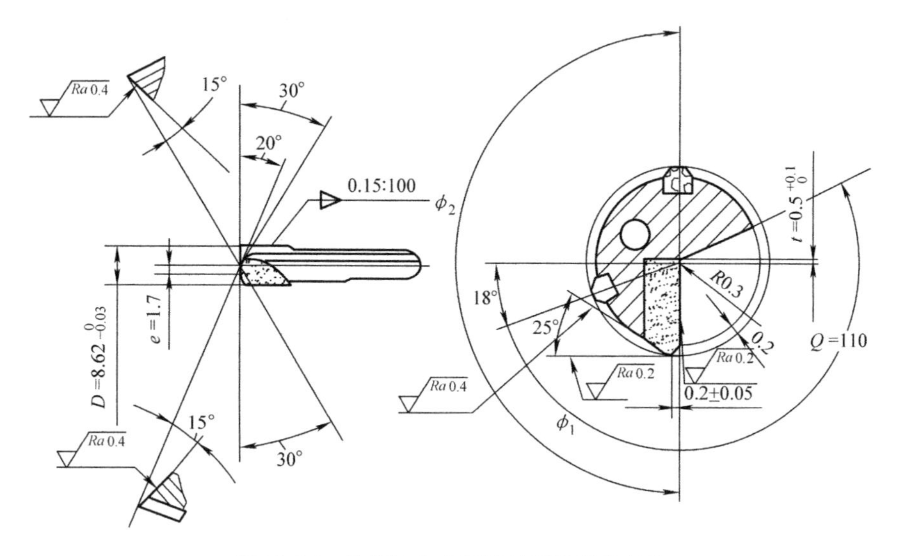

图 10-12　钻削钛合金铸件的深孔钻头结构

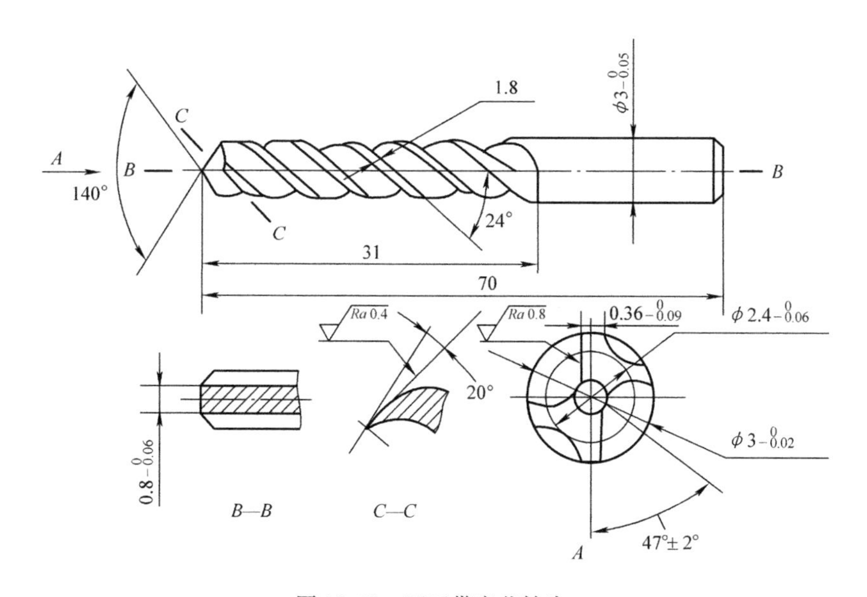

图 10-13　四刃带麻花钻头

寿命比标准钻头提高了 2.5 ~3 倍，同时还可加工出质量较好的孔径。

（3）采用合适的切削液　对钻削使用的切削液主要要求冷却和润滑性能好，以降低切屑与钻头间的滑动摩擦以及钻头与钛合金铸件间的摩擦产生的热量，从而提高加工孔径的表面质量和钻头的寿命。钻削时使用什么样的切削液可参见表 10-6。当钻削深孔时，不宜选用水基切削液。因为水基切削液在钻削高温下会在切削刃上形成水蒸气气泡，易使切屑形成积屑瘤，导致钻削不稳定，影响加工孔的质量。钻削深孔时通常推荐采用N_{32}机械油+煤油，比例为3:1或3:2。

（4）采用正确的操作方法和严格的工艺规程　在钻削过程中始终保持低的切削速度和大进给量，并应注意防止钻头切削刃被弄脏或擦伤。尽量采用机床动力钻孔。因为手工钻孔钻头的寿命仅为机床动力钻孔的30%。

当钻削的孔的深度超过孔径时，钻削过程钻头应频繁地退出，以清除钻头排屑槽和孔中的切屑。当钻削小直径深孔时，应采用乳化油类切削液并应将切削液大量地直接输送到钻头与工件接触的部位上。

10.5　钛和钛合金铸件切削加工过程中应注意的问题

（1）保护好铸件表面的完整性　钛和钛合金是对表面完整性敏感的材料。所谓表面完整性是指零件（铸件）由加工所形成的表面特征和表面特性。表面特征包括表面粗糙度、表面波纹度、表面纹理方向和表面缺陷等。表面特性包括微观组织变化、再结晶、晶间腐蚀、热影响层、微观裂纹、硬度变化、塑性变形，以及热、电、磁、化学变化等，具体如图10-14所示。

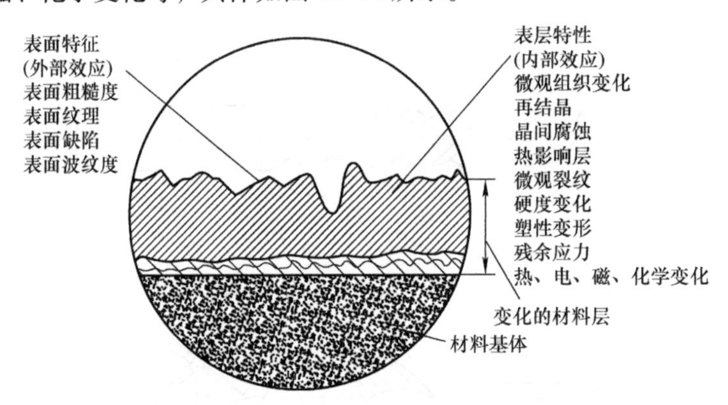

图10-14　加工零件表面特征与表面特性示意

在钛和钛合金铸件切削加工过程中，如果加工方法和加工工艺参数选择得不合理，操作不当，就会使铸件的表面完整性受到伤害，伤害外观的表现形态，导致表面划伤、表面烧损、微裂纹、切屑瘤、塑性变形、热影响区及残余应力等。这些伤害可能造成铸件的力学性能，主要是疲劳性能和抗应力腐蚀性能下降，铸件的使用寿命缩短。尤其是磨削加工更应注意这个问题。图10-15所示为各种切削加工方法对Ti-6Al-4V合金高周疲劳性能的影响。由图10-15可见，磨削加工操作和质量对钛合金高周疲劳性能的影响最大。

（2）工夹具或其他装置的清洁　切削加工过程中，与钛和钛合金铸件接触的工夹具或其他装置必须洁净无污垢。装卸清洗过的和涂有保护涂层的钛合金铸件时，要防止油脂或指印污染，以免以后使用过程中发生盐应力腐蚀，致使钛合金零

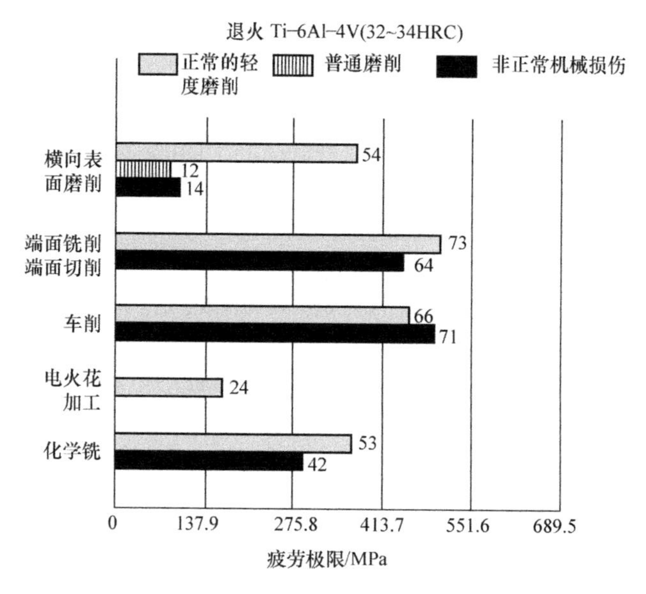

图 10-15　各种切削加工方法对 Ti－6Al－4V 合金高周疲劳性能的影响

件断裂，尤其是航空、航天用的Ⅰ、Ⅱ类铸件更应注意这个问题。

（3）铸件上残留切削液的去除　在切削加工过程中，如果必须使用了含氯的切削液，切削加工完后，应及时用不含氯的清洗剂彻底清洗铸件，将铸件表面上含氯的残余物彻底清除。因为含氯的切削液在切削过程的高温下要分解释放出氢气，被钛吸收后，可能引起氢脆，同时氯还可能引起钛合金高温应力腐蚀开裂。

（4）工夹具材质的选择　在切削加工过程中，禁止使用低熔点金属及其合金（例如铅、锌、锡和铬及其合金等）制作的工夹具或临时紧固体。切削加工后的钛合金铸件表面不允许残留铅、锌、锡和铬等低熔点金属及其合金，如有，应使用酸洗液或硫酸亚铁溶液仔细清洗。

（5）切削加工过程中的安全预防措施　切削加工过程中，应采取安全预防措施，严防切削加工产生的细小切屑与粉末在空气中达到一定比例时有可能发生的火灾与爆炸等意外事故。因此，在切削加工设备或场地附近应备有灭火器材或物质。

参 考 文 献

[1] 全国铸造标准化技术委员会. 铸造钛及钛合金：GB/T 15073—2014 [S]. 北京：中国标准出版社，2015.

[2] 全国铸造标准化技术委员会. 钛及钛合金铸件：GB/T 6614—2014 [S]. 北京：中国标准出版社，2015.

[3] 中国航空发动机集团公司. 钛及钛合金熔模精密铸件规范：GJB 2896A—2020 [S]. 北京：中央军委装备发展部，2021.

[4] 中国航空工业集团公司. 钛及钛合金熔模精密铸件规范：HB 5448—2012 [S]. 北京：国家国防科技工业局，2013.

[5] 航空航天工业部航空材料、热工艺标准化技术归口单位. 铸造钛合金：HB 5447—1990 [S]. 北京：中华人民共和国航空航天工业部，1990.

[6] 全国有色金属标准化技术委员会. 钛及钛合金加工产品化学成分允许偏差：GB/T 3620.2—2007 [S]. 北京：中国标准出版社，2007.

[7] 周彦邦. 钛合金铸造概论 [M]. 北京：航空工业出版社，2000.

[8] 中国航空材料手册编辑委员会. 中国航空材料手册：第 4 卷 [M]. 2 版. 北京：中国标准出版社，2002.

[9] 石玉峰，江河，刘振球，等. 钛技术与应用 [M]. 西安：陕西科学技术出版社，1989.

[10] 谢成木. 钛及钛合金铸造 [M]. 北京：机械工业出版社，2004.

[11] MATTEW J，DONACHIE J. Titanium A Technical Guide [M]. Ohio：ASM International，1988.

[12] БРАТУХИН А Г，等. 航空装备质量、可靠性和寿命的工艺保证 [M]. 刘光勋，袁文钊，高航，等译. 北京：北京航空材料研究院，1999.

[13] 中国机械工程学会铸造分会. 铸造手册：第 3 卷 [M]. 2 版. 北京：机械工业出版社，2002.

[14] 航空制造工程手册总编委会. 航空制造工程手册：飞机机械加工 [M]. 北京：航空工业出版社，1995.

[15] 航空制造工程手册总编委会. 航空制造工程手册：金属材料切削加工 [M]. 北京：航空工业出版社，1994.

[16] 上海市金属切削技术协会. 金属切削手册 [M]. 3 版. 上海：上海科学技术出版社，2003.

[17] 郑文虎. 机械加工实用经验 [M]. 北京：国防工业出版社，2003.

[18] 张桂荣. 浅谈钛合金的车削 [M]. 北京：北京航空材料研究院，1988.

[19] 航空制造工程手册总编委会. 航空制造工程手册：发动机机械加工 [M]. 北京：航空工业出版社，1995.

[20] BROWN W F，et al. Aerospace Structural Metals Handbook [M]. West Lafayette：CINDAS/Purdue University，1999.

[21] БРАТУХИН А Г，等. 飞机钛合金结构制造技术 [M]. 李香波，等译. 北京：北京航空工艺研究所，1998.